图解
五针松盆景
制作技艺

刘立华 —— 著

海峡出版发行集团 | 福建科学技术出版社
THE STRAITS PUBLISHING & DISTRIBUTING GROUP | FUJIAN SCIENCE & TECHNOLOGY PUBLISHING HOUSE

午后阳光温柔地泼洒在长廊上，叶斑的点点余光让树身空隙间的枝条更加透明。伸展于树肩上的剔透绿叶尽情地汲取每一缕金黄阳光，经年累月汲汲营营造就了这百年树身。

◆ 树身高度：55 厘米
◆ 盆器：南蛮浅圆盆

每盆盆景在各位创作者心中都有属于它该有的样貌。无论是自然的还是经过人为雕塑的，简单的还是繁复的，每种树形都有既定的创作之道可依循。美的境界便是经过最初人为创作后再经过时间积累，慢慢还原淬炼出的自然味。

◆ 树身高度：26 厘米　◆ 盆器：抚角朱泥长方盆

　　低海拔深冬，多数落叶植物褪去绿衣裸着枝条以度过
严冬。五针松也随着季节变化留下一身亮丽青黄，并将随
冬去春来再次披上绿衣。岁时轮转，五针松持续不断展现
季节嬗递之美。

决定树枝的去留，总会令人踌躇不决，琢磨着是否会因此减少了互相冲突激发的灵感。然而创作中有舍必有得，去除大量培养过程中所留下的枝条后，树身美丽的转折便脱颖而出。

树身高度：18厘米

盆器：铁砂浅圆盆

5

松枝们宛如孩童般调皮地引颈侧身往外窥探，见到谁了呢？是秋冬暖暖的日光，抑或是与松枝们相视的游客。

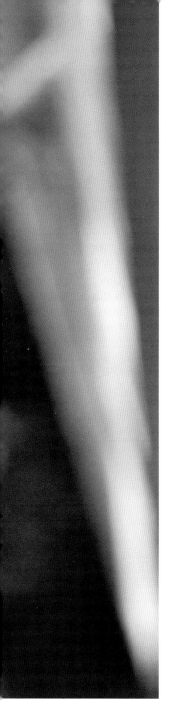

化繁为简的原则对盆景创作而言，看似简单却实则难以企及。简单在心法的朴素，难在天时地利人和的偶遇。在这由枝条与叶群分布而现出的层次与微倾树身构成的深色剪影中，阴翳的弱光完美展现轻盈的树身与鳞次栉比的枝棚（枝叶收束后的小型集合体）样貌。

◆ **树身高度**：65 厘米　　◆ **盆器**：南蛮铁砂浅圆盆

◆ 树身高度：15厘米　　◆ 盆器：手捏变形鞍马盆

在这美好、晴朗的夏天，身处镜头之下的小泥
人早已摆好各种戏剧化的姿态表情，等待我举起相
机捕捉它们的微妙生动。

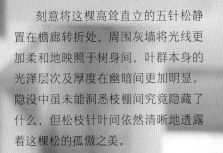

刻意将这棵高耸直立的五针松静
置在檐廊转折处，周围灰墙将光线更
加柔和地映照于树身间，叶群本身的
光泽层次及厚度在幽暗间更加明显。
隐没中虽未能洞悉枝棚间究竟隐藏了
什么，但松枝针叶间依然清晰地透露
着这棵松的孤傲之美。

树身高度：66 厘米
盆器：铁砂浅圆盆
盆景提供：张钦地

9

自序

笔者自幼喜好观察自然，喜欢种植植物。高中就读台湾中部职校的美工科，毕业后跟随父亲从事木匠工作并取得室内设计师证书，以室内设计为业。

高中时，受喜爱植物的父亲影响，笔者从接触生平第一棵五针松开始，便对五针松情有独钟。碰巧自己家有后院空地，养护盆景就更为便利，也常用零花钱购入附近采集不到的植物来创作练习。父亲见我兴致盎然，偶尔也会从外地带回一些令我惊喜的盆景，让我有更多机会学习盆景管理。1980~2000年台湾盆景界的传授方式还比较封闭，笔者几乎只能靠自学方式，通过近距离观察手中所有植物的特性"土法炼钢"，走积累经验的路。也就在那时，笔者从父亲手中获得第二棵五针松苗，从此开启了五针松创作之路。

起初，由于珍惜得来不易的松苗，管理只敢以每天浇水、每年略微修剪的保守方式呵护着，之后，随着慢慢购入越来越多的五针松，这才全面开启创作道路。在一年的培育创作期间，除了自己观察摸索外，也开始寻求种植五针松前辈们的指导。无奈笔者对于各前辈的分享，总难掌握创作管理的精髓。现在想来，当时无非是极度渴望能获得一本如武林秘笈般的"绝世心法"，让创作能手到擒来。

而在经年累月创作后的今天，盆景创作过程中五针松带来无数的感动与惊艳，启发了笔者深切想分享所有经验给五针松同好的念头。本书内容除了有笔者40年的创作经验外，更有因长年喜爱骑自行车穿梭于山林间观察大自然得到的感悟。经年浏览林间的自然树形，慢慢催化了笔者将台湾五针松与山野林间自然树形巧妙地融合，所以借着此书，笔者希望能让有兴趣的爱好者在五针松盆景创作的世界中，除了一般认定的既有树形外，也能以自然树形及不违背植物特性的方式进行创作。

　　在积极创作的同时，笔者人生亦起了极大变化，然而未曾间断地持续创作，似乎也让笔者逐渐察觉人生的端倪，而将一切思绪转化积纂成一本图书，期盼以更谦卑包容的心，为同好略尽绵薄助益。

　　感谢一路相伴的好友们，只要创作道路的步伐不懈，理念的异或同都是切磋前进的动力。将此书献给同好们、深爱的女儿宇晴，以及一生中最重要的人金玲。

目录

入门篇

　　植物中有学名的物种有二十几万，在这处处令人惊奇的绿色世界中，尚有许多物种人们从未听闻。如同笔者园中的石化退化桧，常令来客感到新奇。笔者每次伫立仰望于千年老木前，也未曾想过有一天竟然能从几十米高的变异枝条中取下一枝，作为扦插苗繁衍至今而成为指掌间的迷你盆景。大部分植物都有其可塑性，也能仿照自然界的树形，变化出最适合它的树形和大小，就如石化桧，它可以迷你到指尖之间，也可以创作至高及腰际，其柔细的叶子几乎可以将盆景中所谓的形小相大、物微意远发挥到淋漓尽致。但如果将台湾本岛大型乡土物种如茄苳，种植于盆内再缩小至迷你盆景尺寸，则是自讨苦吃，只因忤逆树性使然。

　　台湾中低海拔的山间野岭始终有群松围绕。由于笔者早年经常穿梭于苍劲松姿林荫间，远眺近望之际，无意中竟将树姿形象深刻烙印于脑海中。只是虽常有想法，却未能将脑海中的各类崇山峻岭树形复刻于园中各类物种之上。直到手中有了几株台湾五针松，慢慢地试着仿效山岭孤松之样貌作为创作方向，经数年不断地探究实作，渐渐地掌握如何在日常的管理方式下，将枝桠节间与松叶长度做有效的等比例控制，自此开启了模拟自然管理创作方式，实现了将山野间的苍老松木形态缩小于桌上盆景的初心，进而将历经约40年创作之路累积的心得分享予同好。

山野林壑间常见树身苍劲、枝条随风
摇曳的五针松。

植物养护通则

盆景植物虽不需要时时刻刻呵护，但每天仍需面对不少问题，如根据植物所处的环境（湿度）需要多少水分、该植物需使用何种栽培土壤、每天的日照是否充足、种植一段时间后是否需要施肥等。若种植的盆景植物属花果类或冬季落叶树种，则每隔数年需要为其更换一次盆土；若是松柏科，在换盆时要是挑选品质较好的栽培土壤，则只需每年给予适量肥料，甚至可长达10年都不需要再次更换盆土。因此，我们可将养护简单归纳出下列5点通则。

湿度佳的养护环境

每一种植物都有各自喜好的湿度环境，例如大部分的多肉植物喜欢通风、干燥且温差大的环境，以苔藓为主要培养物的青苔球则喜欢地面潮湿且空气湿度高的环境，木本科盆景或是松柏类盆景则需要能提供全日照的环境。每一种盆景植物都有各自适合的养护环境，但不管哪种植物，放置环境底层的湿度是我们应该尽量提供的。那底层的湿度该如何提供呢？假如养护环境原本就在一楼或室外，可利用正常浇水流滴下来积在花架底层的余水，慢慢蒸发加大环境的相对湿度。

这湿度对于整个养护环境是有帮助的，如果是在二楼以上的阳台、露台或顶楼露台，早上虽有浇完水后流滴棚架下的水可慢慢蒸发，但在炙热的夏阳或秋冬强劲的东北季风吹袭下，较小盆器中的盆土会很快蒸干或风干，这时可用粗砂或细石子（直径不超过0.5厘米为佳）铺设在楼板上方4~6厘米深，作为浇水时所流滴下来的水分储存处，渗入底层的水分将会慢慢蒸发，为整个养护环境提供相应的湿度。如果是刚入门者或所养护的盆景数量并不多，或只有少数几棵需要注意保湿的迷你盆景时，则可以使用黑色长方形的塑料培养皿，在底部铺上细石或赤玉土作为保湿兼增加湿度用。若欲增加质感，可使用砂皿，再以市售的杉木自行组合，甚至可以刷上喜欢的颜色，美化养护场所。

1、2、3、4笔者相当偏好以木制格架创造摆放空间，不仅流露出柔软且自然的韵味，而且相较于空心砖或其他水泥制品，松木架在日常浇水时，可将流于盆外的水分吸入木板，之后水分会再于后续时间慢慢蒸发而上，提供良好的环境湿度。

再者，养护场所的通风对盆景养护也极为重要。一般盆中水分的蒸发，除了阳光照射外，过强的气流也是迅速带走盆内及叶群水分的原因之一。若气流过强，除了增加每天例行浇水次数外，也可以使用原木屏风或黑色遮阳网将风力较强的方向略微遮挡，避免水分过度散发。

此外，台风期间常会刮起焚风或干燥强风，这样的强风吹袭，会使五针松或其他叶片较薄的植物发生叶尾焦黄或叶片脱水。据笔者观察，叶尾焦黄应是受了高于常温的强劲暖风吹袭迅速带走植物叶面水分，使根群无法快速供给水分所致，为避免此类情形发生，可在吹刮焚风时快速启动洒水器或人工补水，为场所内的盆景叶面洒水，以增加叶面水分蒸发的时间。这个操作可多次使用，直至焚风、干风停止。

塑料盆中的细石子尺寸以直径0.3~0.5厘米为佳。细石子除了提供保湿效果外，更能有效防止位于大楼顶楼或暴晒过度的水泥楼板等养护场所因午后日晒蒸发而上的热气，对植物造成的影响。

以具有质感的杉木板或木条自制而成的盛石皿，作用同于塑料砂石皿。用心动手做更能增加盆景养护的乐趣。

植物所需日照量

植物在自然界（原生地）都会选择最适合的生长环境，有些需要有全天候充足日照，有些是早上或下午半日照，也有整日只需有林荫薄光的投射，更有整日不需直接日照，只需白天些微的光线就足以存活，生存条件不一而足。依以上不同的生存条件，可将植物区分为全日照、半日照（半遮阴）或耐阴植物等。

台湾五针松在正常情况下是可以直接接受全日照，甚至面对秋末午间的艳阳也不需使用黑色遮阳网遮阴，但笔者长年在台湾五针松原生地探寻，发现大部分的幼龄松都是生长于有遮蔽的树林下。据此，笔者尝试以半日照方式管理幼龄期松苗，4~5年以上的五针松则改以全日照方式管理。经全日照管理的针叶不仅能有如国画般的浑厚短直，也能有矗立于山野岩壁间如山松般苍劲结实的叶棚。

此外，所谓的黄金五针松，实为台湾五针松。在秋季时，原本浓绿的叶色渐渐转为较淡的青黄色，尤其在秋末冬初，阳光照射在略微金黄的叶梢时所呈现出的耀眼光泽，常使观者赏心悦目而成就"黄金"之名。叶色的转化是松树植物生理的正常现象，因台湾五针松在秋末之际，叶子不需太多叶绿素供给生长，所以叶绿素会慢慢减少，致使叶色看起来略微偏黄。这偏黄的叶色会一直持续到隔年2月松芽（春芽）开始萌发时，才又转为浓绿色。想要拥有亮丽金黄且具光泽的叶色，则需要全日照的养护环境。

阳光充足照耀的养护场所，对盆景养护有事半功倍之效。当朝阳或日落斜阳洒落在一片深浅翠绿叶间，流光溢彩，令人沉醉。

植物所需水量及浇灌时间

　　盆景在不同季节浇水次数和给水时间不同。以炎热高温的夏季和干燥的秋季来说，早上和傍晚各浇一次较为恰当，而冬季与春季则是早上浇水一次即可应付一整天的水分蒸发。除了这些日常的浇水之外，还需要注意其他特殊性的浇水。例如园子里的微型盆景在炎炎夏日里难免会发生正午时刻盆内缺水的情况，当这些小盆景因缺水而发生叶尾或嫩芽枯萎时，若直接以温差过大[注1]的自来水浇灌，日后盆土内的根群可能会有腐根状况发生。因此建议可以在盆景养护场所中放一个较大型的陶制容器，平时容器内可养些水草及小鱼，防止蚊子幼虫滋生，而容器内的水因与场所内植物一样会随着日照而改变温度，如遇午后盆内缺水时，则可直接使用容器内的水浇灌。以相同温度的清水浇灌植物，则可避免因为水温与盆内温差过大而导致腐根的发生。

　　在冬季特别寒冷时则需注意浇水温度是否过低，如遇低温或寒流来袭，建议尽量在早上浇水，避开傍晚或晚上。因一般情况下，傍晚或夜晚的气温通常会持续下降，而在气温下降时浇水会使沾满水滴的叶群枝棚温度更低。若是原本就生长在高山气候的针叶类，适应低温能力强，但如果是生长在热带或亚热带的低海拔阔叶树种，遇此情形则叶片会有冻伤之虞。

注1：台湾大多数地区由自来水厂提供用水，而水厂的供水管道多埋设在地面下再分流至住家供水系统。夏季时来自地下管道的自来水与棚架上缺水盆景植物的温差至少有20~35℃；中南部仍有部分供水为井水，也一样与缺水盆景植物有极大温差，建议尽量先使用地面式的容器盛装并经日晒后再浇灌，以降低植物受损率。

以浇水壶作为日常浇灌工具，赏心悦目之余亦可保护盆面的泥土免遭过强水柱冲击而飞溅四处。

摆放场所间的陶制盛水容器因与盆景置放架比邻而居，故缸内的水温相对较接近环境温度，可依需求随时取用。

栽培介质的选择

栽培介质是盆景种植中举足轻重的要素之一，不同植物需要的介质种类不尽相同，甚至有些植物不需要泥土就可以存活。而大部分的植物都有适合自身属性的栽培介质，如兰花喜欢松软的腐殖土；落叶性的枫树、榉树喜欢透气性、保水性佳的颗粒土；针叶类的五针松则喜好透气性更佳的石砾或土。其实原因很简单，走一趟这些植物的原生地，不难发现原生地的土即是最适合它们的。

那什么介质最适合台湾五针松呢？回到台湾五针松的原生地[注1]仔细观察，在它的生长环境中可以找到以下几种介质：雪山岩风化而成的细砂石、页岩风化后的细砂石以及石英石等。这些在原生地非常适合种植五针松的介质，都是属于细而重的石砾，一整盆全都是这类砂石土则相当有重量，并非每一个盆景爱好者都能负荷而可轻易搬动的。因此，在五针松近50年由野地驯化至盆栽化期间，前辈们也慢慢摸索出较能使众多同好们接受的轻质介质——溪床间的轻质山砂也就应运而生了。

在台湾市场上较易购买到的栽培介质有台中市后里山区的猫坑溪石[注2]、南投的北坑溪石、屏东的枫港溪石。笔者以为，最适合五针松根部生长的栽培介质，需通风、保水且质量较轻，因此以猫坑溪石最佳。此栽培介质除了有上述的特点之外，还具备稳定、久植盆内不碎不溶的特点，也因此特点，在每次换盆换介质时，可将旧有的介质洗净，经日晒消毒后重复使用。

适用于各类松树或针叶植物的栽培介质。

注1：台湾五针松原生地大致在台湾中部大甲溪及北港溪流域两侧。
注2：猫坑溪石产地在台中市后里区猫坑溪，靠近后里区火车站东侧的山区河谷，而非南投市的猫罗溪。因两者名称极为相似，常被误以为是来自南投的猫罗溪，故此说明。

1. 取材于台湾中部山区的粗颗粒轻质山砂（猫坑溪石）。
2、3. 大小颗粒的赤玉土，特性为质轻，保水性及透气性佳。4. 取材于一般溪流及砂石场的石砾，除质地较硬、质量较重外，价格实惠是最吸引人的。5. 筛洗过后的阳明山土，颗粒最小，排水性佳，属性近似于赤玉土。

适时适量施肥

　　盆养的五针松基本不需要过多肥料，但适量的肥料仍是必需的，否则盆器中久未施肥的五针松叶会因缺乏营养、偶尔失水而日益泛黄。五针松一年之中应施2~3次的肥料。肥料以其物理形态可分为液体肥、固体肥与气体肥，以化学成分可分为化学肥料、有机肥料、生物肥料。关于施肥在后续章节还有专篇详述。

　　以施肥方式分类，五针松可分为田培施肥与盆培施肥两种。

田培施肥： 田培状态的五针松因根系生长状态良好，所以根系会大量分布在树边的土表周围，笔者建议可用价格较为低廉的化学肥料以多处定点的方式施在树旁。因化学肥料分解速度快，五针松吸收得也快，所以短时间就能在五针松树身上的叶子及嫩芽看到成效。但也因化学肥料分解快速，建议一年中除了避开冬季不予施肥外，其余按照春、夏、秋三季的节奏来施肥。而在施肥时，若能同时将整个田培园区以水浇灌，则其肥效会更显著。

盆培施肥： 由于盆土容积限制，在肥料的选择上建议使用肥效释出较为缓慢的有机肥料以避免肥伤，在春、秋两季施用。而盆植五针松施肥需要注意的事项是在有机肥料或生物肥料分解一段时间后，产生的细粉有可能将盆面土壤间隙——塞满，使得浇水时水分不容易渗透进入盆土内，故建议施肥时使用肥料盒或以小布包将肥料填装起来，以避免此状况发生，待其分解完再更换即可，相当方便。

附记：五针松若施肥过多或水分过多易影响其叶子长度。如施肥过度，当年叶子会冒发过长。如叶子过长，就必须在往后几年进行极少量肥的贫瘠管理，以促使叶子年年逐渐缩短。因此肥分拿捏在五针松盆景的形态养成上是十分重要的。

市面上容易购得的肥料。右上角及中间者为有机肥料，左上角为化学肥料。化学肥料用水稀释后即可洒施于盆土上。左下角为盛装固体肥料的容器。

建议两种施肥方式皆采用定点施放，此法较能避免　田培施肥方式。
因肥量过多而造成肥伤。

1. 大型木箱培养阶段的固体肥料施放。此固体肥料为一般花市可
购得的麻油渣块。其肥分会在 2~3 个月间完全释放。2. 成品阶段
的施肥方式。此包装的施肥法能避免肥料分解后的粉末停留在盆
面上，日久凝固影响浇水效果。

1、2. 用金属钉子将装肥料的布包固定于盆面，如此能完全避免轻质肥料被浇水时的水柱冲落而流失。

俗称肥料盒的容器，能有效地将肥料牢牢地固定在盆面上，肥分随日常浇水而慢慢地释放。

素材的选择，是五针松盆景创作的重要基础。在创作盆景之前，选择一棵良好易上手的素材，自然事半功倍。但如果入手素材时忽略了选择要素，创作过程将窒碍难行，若还面临不可修正的缺点，那么要制成成品盆景就更是遥遥无期了。这样的历程，常常挫败初次入门爱好者的信心。因此，笔者认为素材的选择至关重要，特归纳下列几点供读者参考。

微曲扶摇而上的树身，正面无重大切枝后所留下的伤口，且树身平顺，毫无肿大变形，是一株良好素材。

五针松素材的选择

树干顺畅度佳

　　五针松属阳性树种，更是盆景植物界中阳刚树形的代表。在素材选择时，以树干由茎基转折至最高枝尾端时，能由粗变细顺畅有致者最佳，尽量避免过于等弧或翘曲的树身。此外，也须避免素材培养过程中出现过于显著的加工痕迹，如铝线压痕或刀锯痕迹。如果树干本身在素材购回时需再自行用铝线加以折曲或调直，也应避免。

此为田间培养阶段的素材。为使其树身循次茁壮，在树身高低不等之处，两侧要留有牺牲枝。

树干无伤口或伤口隐在背面

素材在培养过程中，为了让树干直径迅速增大，大部分会有牺牲枝来增加树身的直径，而牺牲枝在阶段性任务结束后则必须切除。大部分有经验的素材培养者，都会尽量将牺牲枝留在设定树身的背面，所以选购时，宜仔细观察其正面树身是否浑圆无伤、切口少。

在田间培养期间，因日照过度所造成的重大伤口。在将来进行创作时，只能尽量将此面隐藏于背面。

虽有隐藏在后侧的牺牲枝切口，但在正面观赏成品盆景时不会影响美观，故仍可作为素材。

在前期培养时不慎将牺牲枝留于正面，茎基处切除后留下的舍利枝却不能为该树增添欣赏点时，是否作为入手素材则须深思。

茎基需有壮硕粗大之态

茎基除了有四平八稳的根系，呈锥状茎基发展而成的斜身树形及悬崖树形，其拉力根也是极其必要的。根系还需同分枝般，一代、二代慢慢地分根出去。素材的选择应避免单向偏根或无锥状茎基，而浮根、逆向根及绞根更应该避免。

此树身有右倾之姿，创作时刻意安排将茎基的扩张引导至反方向往左侧而去，以求盆植后的安定感。

具有张开根系的茎基总给人拔地而起的挺立安定感。

盆面前后左右根系凝聚后转成的茎基，沿着左右微曲树身向上伸展，营造出一气呵成的态势。

18

出枝多且无单枝过于粗大者

素材培养过程中，如通风、光线不足，通常会从最底下的枝条开始枯萎。所以选购时，须以平均分布的枝条为首选，枝条过于粗大或与树身产生不协调者应避免。

经过矮化后，寻购自然姿态的素材时，以树身较无大伤口者为佳。

1. 素材选择平均有出枝者，在创作时适时将不必要的枝条切除，较易有效掌控树身的顺畅性。2. 此素材在田培阶段矮化后具有顺畅的转折、树身四面八方的出枝，以及无重大牺牲枝的切口，为素材中的上乘之选。

叶性笔直无卷曲

五针松的叶形众多，有叶子过长的、卷曲的、易焦尾的，在挑选素材时都应避开，选择叶性笔直无卷曲、叶短、叶色金黄色者。

1. 笔直、丰厚的金黄针叶是好素材的考量之一。2. 节间短且叶性笔直是良好素材的特质。

早年的山采素材

在台湾，五针松的原生地多是灰黑色板岩山坡或高峻陡峭的悬崖，而上述这两种地形大多以朝南或日照充足的北向居多。不同的地质样貌造就了各种原始树形，甚至有几处较为恶劣的地形造就了树身线条怪异且造枝角度奇特的低矮树身，而这种类型的树身条件也就是每个盆景创作者梦寐以求的良好素材。

在早期，位于山野间的原生五针松十分容易获得。当时台湾中部屯区乡镇里有几个五针松原生地有采集者进入山区，以较简单粗陋的工具直接挖掘，因此当时有为数不少的野采素材出现。1981~1996年，台湾民间与政府大力推广各类艺术交流活动，盆景艺术也是推广项目之一。一些盆景创作者以山间野地采集的大型素材或较为老态的素材作为创作对象，而这样的野采素材刚好可以用于填补当时五针松实生苗初步开始发展，且尚未有品相较佳的创作材料出现的缺憾。

处于悬崖陡壁上的老山松长年累月受到河谷气流吹袭、大雨拍打自然形成的临崖树形吸引爱松人驻足欣赏。

由于当时爱好五针松人士的创作皆以山巅野岭所见的树形为模仿对象，因此在各爱好者或展览场所见到的树形都较倾向充满野性感和年代感，以自然之姿及风貌呈现于盆景中。这股潮流在当时风靡许久。当时野采五针松素材取得容易，因此在趣味玩家或创作者庭园中出现为数不少去头掐尾不当截断的五针松野生素材，再加上当时采挖者的技术未臻理想以及采集后的栽培管理失衡，以致野生素材的数量日益减少。现已不提倡直接山采素材。

推测这类临崖形树苗可能是一开始落地发芽于陡坡林木下，后因生长地旁坡地崩塌，造成苗木由站立转为斜躺，并以这样的倾斜姿态继续生长。这种天然悬崖树形的老松是值得期待的（看似郁郁葱葱的松树苗，树龄估计在 20 年以上）。

虽是早年采集于山野间，但鲜少能将山树创作成如此迷你的盆景（树身宽度约 32 厘米）。

荒老的树皮肌理与明显的偏根茎基是此山树特征。在众多山树创作中，能有满身皆枝且不虞匮乏的却是少之又少。

此盆景极为贴合山巅野岭的山松身影。此树一开始是大量出枝，经创作者逐一去除不要枝后留下数量比例适宜的枝棚，现有的枝棚叶量及枝棚左右伸展宽度已达最佳比例。

早期采集的山树因树龄接近于老龄，以至在日后创作和养护上比较容易因为水分补给不足或介质不适造成营养缺乏，树势转弱。

盆景制作工具

从事盆景创作，许多时候都需要工具辅助。顺手的工具不仅能让盆景管理与创作事半功倍，适当的刀剪锐耙还能在我们与盆景互动时产生心神合一的氛围。以下即以盆景管理季节为顺序一一介绍。

冬、春换盆工具

①鬃毛刷
在介质填充完成未浇水前，可将盆缘与盆面细土刷除干净。

②夹子
种植盆面青苔的工具，另一端有平面刀刃状者可用于压实盆面泥土。

③尖竹筷
将较硬质的竹筷一端削尖，作为推压介质（使其密实）与种植盆面青苔的工具。

④钝剪刀
可用较不锋利的剪刀作为剪断细根的工具。

⑤根剪
切口刃处为平口，不同于圆口。

⑥根土耙
有大、小尺寸，单爪、双爪及三爪之分。

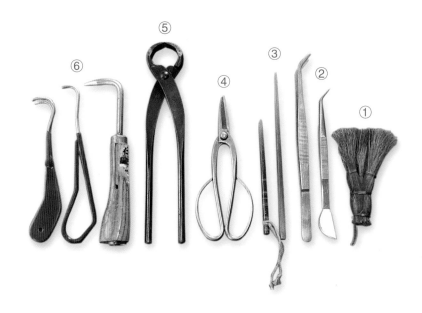

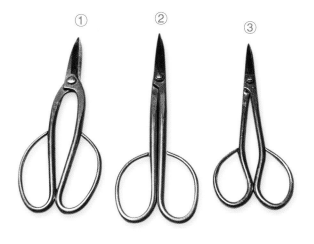

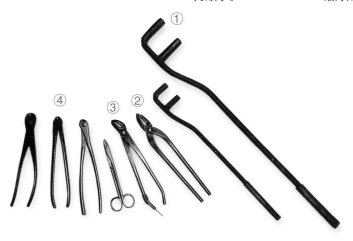

①宽柄剪刀

适用于较外围叶群的剪定。因设计符合人体工学，所以长时间使用也不会造成手指疼痛。

②长细柄叶芽剪

适用于枝棚叶群内部细枝及外围新芽的修剪。

③短柄剪刀

尺寸较小，适合女性朋友，用途同长柄剪刀。

缠绕整姿工具

①自制矫姿器

有大小之分，适用于一般金属线铗所不能及的整姿与调曲。

②正向金属线铗

有大中小之分。图片为大型线铗，适用于大枝条缠绕及大口径金属线的调整。

③舍利金属线铗

用于舍利干、神枝的拉皮扯枝。因其铗口有斜向角度，用于缠绕铜铝线做夹紧、扭转以及调整枝势时更为顺手。

④金属线剪

不同大小的刀剪可截剪各种尺寸的铜铝线，左二为新型斜角度金属线剪，笔者认为用于拆除金属线时最好用。

剪定工具

①锯子

用于较大口径的枝条切除，使用时尽量使用锯刃尾端（较尖处）。而锯刃因使用后较易残留树汁与树脂，宜经常保养。

②大枝切

用于枝条的切除。有分柄刃单支锻打而成的，还有柄刃分开制作后再接合的。若长时间使用或大量修剪，则建议选择柄刃合一的为佳。

③曲柄剪刀

适用于细枝条的剪除，如有大枝条则建议使用大枝切。

④、⑤圆口切

剪除不要的枝条后，可再以圆口切深切至木质处，以利于树皮愈合后的平整。尺寸有大小之分，较小切口可使用小尺寸，反之则用大型圆口切。

⑥斜向圆口切

当枝条过于密集，或有不易深入修剪的角度时适用，切除后可再将树皮切凹，以利日后树皮愈合。

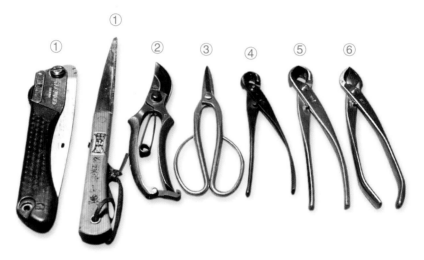

日常浇水

铜制浇水壶

较小容量者适用于较小范围的浇水，或夏、秋季午后缺水补充盆面水分时使用。

铜制"如露"

容量较大。由于出水孔制作得极为细致，在用其浇水时，水从出口处挥洒开来，如同一串串晶莹露水四散而得此名。

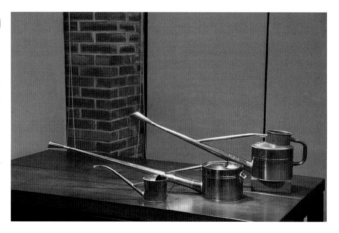

管理方面

整形

以人工方式进行树形的调整以期达到理想形态。

节气

每15天为一节气，象征四季流转。

换盆

更换盆器或介质，改善种植环境，使植物重新获得所需养分。

矫干

矫正树干姿态，使其美观。

调枝

调整枝条角度，使其美观。

接枝

在需要枝条处接上枝条。

修剪定型

修剪枝条以调节整体枝条态势。

摘芽

为抑制旺盛枝，促进内腹枝生长并使梢端茂密，以锐利刀剪剪除芽尖。

剔叶

剪除部分或全部的树叶。

疏叶

去除老叶或生长过旺的叶子。

矫根

矫正调整根盘外观。

给水

供给植物水分。

叶水

不将水分浇灌于土壤，而是针对叶片与枝干给水。

施肥

给予肥分提供营养。

呼接

因树身近处较无枝条，故以同株或不同株的较长枝条嫁接于树身的无（缺）枝条处，但仍建议以同株枝条嫁接较能保持叶性相同。

树形

直干树形

干身由地面伸直拔地而上，不弯曲的形态。

标准直干

主干直耸参天，枝干交互出枝且树冠端正、树态平衡、茎基及根系亦稳健有力。

立枝直干

整体外形有如扫帚倒置。主干到第一枝分枝众多，且各分枝均生长旺盛，欣欣向荣。

伞形直干

各枝往干身连成一势，如同雨伞般的形态。

斜干树形

单干树身向左或向右单边倾斜。

变化斜干

斜向对立部位有粗大的拖枝，树干上半段转曲向上。

曲干树形

常称之为模样木。茎基重心平衡整体树姿，且干身线条活泼。

自然曲干

依据树干原有的曲线来创作，属盆景中最普遍的造型。

蟠干树形

枝身有多处粗大转折扭曲，气势磅礴。

垂枝树形

以垂枝性树种造型出软枝飘逸下垂的柔美姿态。

露根树形

树干茎基下方无栽培介质，粗根离地高露出土的树形。

悬崖树形

树相如同沿悬崖而生长的树形。

大悬崖树形

整体树姿往下方奔泻，气势如虹。

半悬崖树形

树干垂悬未超过土面的树形。

文人树形

枝干细挺，清风雅致，傲骨淡然，如同文人雅士般的俊逸树姿。

标准双干

双干身有如夫妇兄弟般依偎生长，如标准直干从土面直耸而上，但只有一树冠的树形。

三干树形

一棵树分成三干者。

风吹树形

仿佛经年遭受单一方向的强风吹袭，造就出单向弯曲树形。

附石树形

以石头和树身配合成景。

树头

头部

树干与树根的汇合处。

茎基

树头部根型生长的态势结构。

茎基模样

茎基结构有形。

喇叭头

头部基部宽大稳健，向上收细形如喇叭。

缚脚头

茎基比干身细瘦，有如缠足一般。

树干

主干

茎基以上到树心的主身干。

副干

双干以上的树形中，其粗壮、高度仅次于主干者。

添干

三干以上的树形中，其粗壮、高度仅次于副干者。

矫干

调整干形之意。

干模样

干身的各种姿态，如挺拔、倾斜、转曲、悬泻、飘逸等。

捻扭干

干身呈现扭转卷捻状态。

忌形干

有碍美观，不被喜爱的枝干。

鸽胸干

向前凸出，状如鸟胸的忌形干。

树根

根势

树根的模样与力道呈现。

根模样

土面外有形体的根路模样。

根盘

露出土面的根路错综联结，形成盘状的根势。

四方根

根模样四面八方展露。

菌根

白色微生物，形如网丝，出现于松类根末。

挺立根

与干身倾向同方向的根路，仿佛挺住斜干，平衡重心的根势。

拉力根

与干身倾斜反方向，有抓住大地，平衡重心的根劲。

忌根

有碍美观，不被喜爱的根势。

门闩根

左右并行出根，有如门闩一般的忌根。

逆根

由外端反逆向茎基内伸的忌根。

树枝

枝势

出枝的样貌和气势。

出枝

由干身长出的亲枝。

枝顺

出枝的顺序与整体树形构成的姿态。

要枝

构成树形姿态的重要出枝。

拖枝

与树干身倾向相反，拖长生长的要枝。

探枝

同干身倾斜方向，粗大且探垂的要枝。

泻枝

格外粗大悬垂的要枝。

第一要枝

主干最下方且最粗大、长势强劲的第一亲枝，其次称第二、第三要枝。

长伸枝

横向伸展扩张的粗长枝。

飘枝

如被风吹拂般的伸长枝。

垂枝

枝势垂下的枝条。

神枝

未损朽但已白化的枯枝，留在树上呈现岁月洗练悲壮之势。

亲枝

由干身直接出枝的树枝。

子枝

由亲枝出枝者。

培养枝组

树身侧分枝，每一分枝称为一级，以此类推。

剪枝

为塑造树形进行修剪枝条的动作。

失枝

因管理不当或病虫害导致枯枝。

接枝

对缺枝处接上枝条。

插枝

植物无性繁殖方法之一。取枝条或根插入介质中，使其生根抽枝成为一新植株，也称扦插。

压枝

将植物的枝条割出伤口，压入土中（或用泥土包住），使其发育出新株的方式。

忌枝

有损美观或有碍生长的枝。

树叶

叶性

树叶的形状与性质。

叶势

叶子的长短、粗细、生长态势。

胎叶

初生叶，与成熟叶形外观不同。

叶序

树叶对生、互生、轮生等的附生状态。

技巧
养成篇

一月管理

胎叶枝的剪除

　　仔细观察五针松，常会发现叶群中出现长相不一的叶子或枝芽，它们大部分即所谓的胎叶芽。五针松会长出胎叶芽的机会大致有两种，其一为播种实生时的轮状子叶长出后继续生成胎叶芽；其二为培养中的五针松经强剪后而萌生了胎叶芽，或因当年施肥与浇水过多也会萌生胎叶芽，持续发展变成胎叶枝。二者的胎叶芽都会先有一段2~5厘米的尖状叶，继而从后段的胎叶腋内长出针状成叶，有这针状叶将来才有可能从叶心发出另一芽点再出枝，而前半段的尖状胎叶腋内大致不可能有任何

胎叶芽
在春、夏之间，因过度修剪或前期肥分、水量过多而产生。

芽点再出枝。这胎叶枝将来一定会有2~5厘米以上的节间，此节间长度会造成以紧密节间来创作枝棚的困难度提高，也等于是与以摘芽来缩短枝棚节间相互违背，所以由胎叶芽所发展出的胎叶枝是极不利于造枝的。

因此，笔者在五针松的造枝过程中，只要遇有胎叶枝都尽量剪除，而剪除的时间点大致是在胎叶枝生长成熟后（约11、12月份）再予以剪除。这样可避免日后不易造枝的窘境，也可保留该五针松的树势，避免因过度剪枝而产生树势转弱的危险。

胎叶枝过长的节间。

胎叶芽成熟之后的枝条外观明显可见，胎叶枝有过长的节间。

正常节间的枝条。

正常节间的枝条，除了有极短的节间外，还易于填枝造棚。

种子实生

观察五针松种子的实生过程妙趣横生。自树上采集松果后，从它的根芽萌发开始，到轮状子叶展开，停顿了两三个星期后，小芽再从如同雨伞骨架的轮状子叶中冒出，最后五针一束的叶子一束束地从新芽间长出。整个播种成长过程无不令人惊奇。

种子实生的第一个步骤是播种前尽量取得当季所采集的新鲜五针松球果种子，取得后可先静置于阴凉干燥处（也可采集松树种子后置于冰箱冷藏室，使其休眠后再取出）。五针松实生播种最适合的季节就在每年的冬至到春节之间。

种子实生示意图

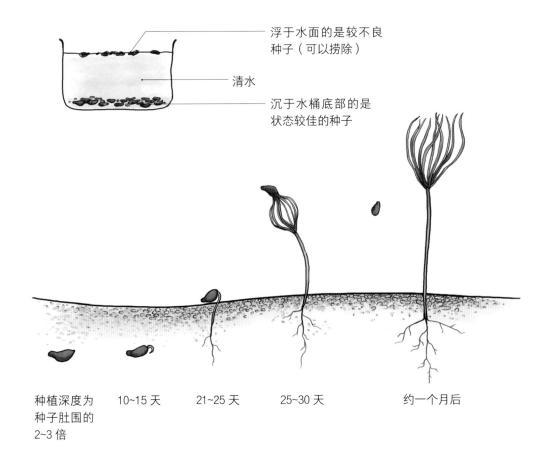

浮于水面的是较不良种子（可以捞除）

清水

沉于水桶底部的是状态较佳的种子

种植深度为种子肚围的2~3倍　　　10~15天　　　21~25天　　　25~30天　　　约一个月后

在此期间，将种子从静置处取出，浸泡于装有常温清水的容器内 24 小时，若有漂浮于水面的种子可直接捞除，接着取出种子播种于透气性佳的素烧盆中，盆中置入排水性佳且保湿效果良好的介质，如赤玉土、阳明山土或细粒溪砂混合培养土，再用夹子夹住种子直接压入土中约 1 厘米深（种子以平躺方式）。最佳深度为五针松种子肚围的 2~3 倍高（约 1 厘米深）。每天保持介质湿润，待其萌芽即可。

也可以先把盆土填入盆中约七八分满后轻轻放上种子，再将介质倒至种子厚度的 2~3 倍深（五针松种子直径为 0.5~0.6 厘米，所以填在种子上层的厚度为 1~1.5 厘米）。再以出水柔细的洒水壶浇上清水，直至清水由盆底流出即可。其后的管理只要注意每天浇水。此法播种后 10~14 天可观察到有一细根从种子壳裂口冒出。细根伸出不久后会将种子慢慢抬高到土层表面，此时需注意保持充足的水分，避免昆虫、小动物的干扰及啃食。

1 阴干后的五针松种子，长度 1.2~1.5 厘米。

2 直接以阴干种子播种实生（使用细粗赤玉土为介质）。

3 再覆盖一层介质后浇水，即算完成。

上述是五针松种子用较顺应自然方式的播种法，而笔者也自行使用一种孵芽法提供给有兴趣尝试者参考。同前者保存方式一样，取出后置于水盆中浸泡24小时，先不分浮于水面上层或沉于下层皆全数捞起，再将两块棉质白色毛巾沾湿拧干，一块平铺于无排水孔的浅水盘内，将浸泡过的种子轻轻置于平铺的毛巾上，然后用另一条毛巾轻轻盖上，之后再将整个水盘置于一处有直接日照、较为恒温且通风极佳的窗台边，约1天后开始给覆盖的毛巾浇水1次，并注意毛巾湿度（约1天浇2次水），这样浇水养护约10天，掀开上层毛巾检查种子壳中间是否已出现裂缝，若种子已核裂、开根芽开始长出时，可用夹子轻轻夹起进行播种。

使用孵芽法

1 盛水器皿经毛巾覆盖，约14天的发芽情形。

2 播种35天后发芽的情况。

3 发芽状况良好的新生苗（发芽约40天）。

4 轮状子叶成熟后胎芽随即开始生长。

与前者一样准备素烧盆及介质，填至盆内七八分满，将种子轻轻横放后再将介质倒至种子肚围1~2倍高即可。整个水盘上的孵芽约1天检查1次，以此类推直到全部的种子陆续发芽完成。

以上两种方式笔者都已尝试多次（每次皆约300克，400颗种子左右），前者较无法掌握整个种子萌芽状况，而后者是萌芽后才开始播种，良率多寡较能掌握。唯后者的萌芽期未能统一（前后时间差约2星期），因此较为费时费力，但后者的播种方式笔者深感饶富乐趣。

换盆概述及示范

　　冬末春初之际是五针松换盆工作最为忙碌的季节，举凡松苗由穴苗换植到大几号的培养盆、半成品树的换盆或更换介质泥土、接近成品的树木由大换到较小的盆器中、长年久植于成品盆中，以及树势略往下走时，再度转植回培养盆中，或是田间培养枝条挖起后的盆植等都涵盖其中。而不同的换盆对象有不同的换盆时机，且对应盆土介质与根系，也都有不同的换盆方式。

这棵老松在此浅圆盆中生长已有 6~7 年了。

长年控制肥量、限制水分的管理下，盆土酸化后产生的苔藓使盆面植被宛如天然青青草原。其多样性的黄叶苔藓、漆姑草、铧头草、小叶冷水麻草，也因于山松相同的管理更显迷你。图中可见山松所植盆器是无倒凹缘的盆型，所以每年新生根系已将盆土与盆树略微抬升，若再不换盆，其树身终会因根系抬升不平均而倾斜。

为台湾五针松换盆，有人以时节为依据，也有人以松芽的冒发长短作为换盆的依据。各处五针松盆景培养业者，多以季节时令为依据，时间则是由每年的1月初开始换盆到3月中旬后为多。为何换盆时间会拉这么长呢？原因是大部分的五针松盆景从业者都有数以百计的盆景需要换盆，所以他们需要较长的时间来作为换盆适期。若一般人也以从业者做法换盆，则会因换盆时机不对而产生较高的松树折损率。以笔者每年为园区里培养的素材换盆为例，从1月底前开始换盆到3月中旬，在总数百来盆内，约有4棵死于萌芽的等待期（其中包含树势或根系较弱者）。因此，除非需换盆的数量多，否则不宜拉长换盆时间。

1 借助木条标杆与背景窗户垂直线平行，更方便后续盆景固定时的矫正操作。

2 长年的新根系只将山松的右侧提升，致使整棵树已往左倾斜。在尚未将木条标杆固定前，先将三角锥垫入盆器下方，把树身垂直角度拉回3°~5°。

如果需换盆的数量不多，盆松又都是处于成品阶段的老松，则建议换盆适期以该松春芽开始萌发时最为恰当。在诸多换盆种类中笔者先以长久植于成品盆中的老松为示范，而其他素材阶段的换盆方式基本上也同于此篇图说示范。

本范例为盆植约45年的山松，因久植于较小的观赏盆中，其叶已短至与树高有适当的比例。但因以限制水量、控制肥量的精准管理，其树势已逐渐转为弱势，在不贪心的爱树态度下，笔者计划以大一号的盆器做涵养肥培。

3 由于此盆器无倒凹缘，因此作业时可使用弯刀与铁锥直接将盆土橇出（盆土与盆器分离后，盆内细白的松根清晰可见）。

4 盆土拔出后，开始将外围的旧根系切除。原有浅圆盆倒置平放，再把原植栽盆土置于浅圆盆上方，以利切根操作。

5 外围旧根切除后，保留的土团已所剩不多。笔者建议台湾五针松换盆时尽量保留些许土团为佳，既可保留树势及细根，又可在换盆时有效固定树木。

6 事先配置好防虫网、铝质固定线，再将砂土倒入盆内成尖塔状。

7 将固定用的铝线适当转紧后，再将沙土倒入周围的缝隙。

8 在固定捆扎完成、砂土未填满前，不妨以一杯茶的时间，再次检视树身垂直角度及正面角度是否达到预期状态。

配盆

一直以来，盆器与树木的搭配就像是马拉松赛事的最后 500 米，然而这么重要的临门一脚，却常因创作者太过专注于展现树木主角而被忽略。虽盆器在两者间属于配角的地位，但一样不容忽视，能衬托出盆树欲彰显的态势，将整个创作推向完美。

一棵盆景从选择素材到近成品阶段，换盆有 3~5 次之多，愈接近成品观赏阶段，其盆器与植物的搭配度更显重要。笔者会依照不同的树种特性、树形、树身肌理以及果实花朵颜色来选择最适合的盆器搭配。比如荒皮肌理的树种，可使用粗糙面的铁砂泥盆或是更具粗犷韵味的柴烧盆；落叶后末端枝条有着白皙寒枝相的黄槿、黄毛榕、榉木等，搭配浅色釉面盆更添清丽风貌；若有开花与果实，则适合能与花色、果实颜色相搭配或对应的彩色釉盆等。只要时时观察树身肌理、叶子形状、花色、果实形状及颜色，用心选择适当的盆器造型及颜色作搭配，相信成品展现会更为出色。

对于五针松的配盆方向，大致有以下几个重点。

一、接近成品阶段

此时树身该呈现荒皮貌，龟裂似的荒皮就以接近灰褐色的铁砂盆、紫泥、乌泥或是表面深褐色且粗糙多变的柴烧南蛮盆为首选。

二、五针松各种树形与盆形搭配

（一）高瘦的文人树形：可搭配浅的圆盆或以圆形为轮廓的古镜型轮花浅盆。

（二）威武凛然的直干树形：适合长方形盆或椭圆形盆。

（三）树身具有曲线美的模样木：搭配盆缘外翻的长方形盆更能衬托出立地环境的肥沃丰饶。

如遇树身方向较为特殊或树身头部立地不能以平面盆器种植时，以变形鞍马盆或弯月盆来种植也是不错的选择。

悬崖树形
最适合无边直立的正方形盆、高身圆盆或高身轮花盆。

具有个性之美的风吹树形（半悬崖树形）
适合约为高身的方盆或半高身轮花盆。

具有自然味的文人树形
以浅身长方形盆来搭配，更能凸显这种树形的立地环境。

（四）绝壁重生的悬崖树形：最适合无边直立的正方形盆、高身圆盆或高身轮花盆。

（五）具有个性之美的风吹树形（半悬崖树形）：适合约为高身的方盆或半高身轮花盆。

（六）最具体现立地环境特征的斜干树形：适合盆缘外扩的椭圆形盆，若搭配长方形的盆器能让整体气势更加磅礴。

完成盆器的选择后，接着更重要的是在种植时，须注意植物茎基与盆器的相对位置，例如模样木、斜干树以及风吹树形等的茎基偏左或右；悬崖树形反方向的偏左偏右，若是将悬崖树形树身以同样方向推向盆边，更会营造出不一样的视觉效果，例如可将往右倾斜的悬崖树身茎基往更右边的盆边种植。总之，茎基位置需审慎构思，先思考所选择的盆器会构成何种视觉效果，再开始进行换盆。

搭配椭圆形盆的斜干树形，意在将树身拉回，平衡视觉。

金属线缠绕要领

盆景是需要时间累积，再加上美学概念与创作技术共冶一炉的艺术，是将大自然中的各种自然树形浓缩于指掌间或拟态于盆钵之间。自然界各类树形以几米甚至数十米的树高矗立于山野间，看似自然也饶富趣味的各种姿态，是历经十年、百年甚至是千年的四季寒暑更替而形成。这些或挺拔或委婉弯曲的树身、各异其趣的垂直枝条与枝桠、平展于尾端的枝棚等浑然天成的美丽树形，一直是盆景人竞相模仿的对象。每个盆景人都有属于自己的一套日常修剪、吊物引导，或以金属线缠绕矫形的方法。而以金属铝线缠绕矫形来达到整姿的目的是最快速、最易于达成的，也是最多创作人使用的方法。

下面将详细介绍如何以铝线缠绕出最有效、最不伤及树皮层且美观的绕线配线方式，有助于读者面对金属线缠绕的窘境时破解各类难题。

将盆景置于展示台上观察，可见大部分枝棚因无铝线固定而开始产生翘曲。

◆ 事前准备

一、构图或做详尽的计划

素材准备开始整姿缠线前需有整姿计划。例如植物因向阳性已略微上扬，需将久未调整过的枝棚做整体性的缠线整姿；枝棚间的枝条过于杂乱，想要以金属线将所有枝条调整到适当位置。

二、缠线工具及相关物品准备

金属线、工具、铁棒、工作台、橡胶垫及保护胶带。

1. 整姿缠线工具可细分至十几种，建议以个人使用顺手为佳。**2.** 台面高度可调整且能 360°旋转的盆景专用工作台让创作过程更加得心应手。**3.** 胶带、纱布、自黏纱布及塑料套管是矫姿时不可或缺的保护套件，如遇枝条需要大幅度调整时亦可使用长度适当的铁棒作为辅助。

三、缠线秘诀

　　为了较好地进行金属线的缠绕整姿，或操作期间让手指在枝棚间不会碰触到枝条而产生断裂，建议缠线及枝棚整姿要从最底下的枝条开始往上方枝条延伸缠绕，而每个枝棚亦从靠近树干枝尾开始缠绕捆扎。若遇有门闩枝（左右平行枝）的可以前后跳枝捆扎，完成后在捆扎第二线时借着第一线的着力点继续捆扎。

1 捆扎金属线可由整株盆景的最下枝开始操作。

2 如遇枝棚过于密集无作业空间时，可使用细铝线将上方枝棚往上捆扎。

3 若遇门闩枝，建议金属线以跳枝方式进行捆扎，以免在缠线调整姿态时发生调右枝翘左枝的窘境。

1. 遇有前后排列的门闩枝时须先做好捆扎计划。

◆枝棚间的金属线之美

一、铝线的口径选择

　　建议缠线捆扎前先选定 4~5 种口径的铝线（1.5、2.0、2.5、3.0、4.0毫米线径），在枝头起扎时用口径最粗的铝线向外捆扎缠绕。由于枝条代枝会因为营养和生长年限而有粗细之分，越接近树干的前代枝会较为粗大，越尾端的枝条越纤细。这种层次分明的自然现象在提醒缠线者要随枝条层次的变化而调配扎线的口径。当铝线缠绕的粗细节奏能随着被捆扎的代枝分布时，才是极度协调而具有美感的。所有枝棚都是按此方法鳞次栉比地排列。此树身虽有人工雕琢的痕迹，但整体画面却是呈自然状态。

2. 先以4.0毫米较粗口径的金属线捆扎前后跳枝，须避免上下金属线交叠。3. 逐一完成捆扎与调姿后，再处理下一根枝条。4. 遇有门闩枝时建议须有另一条同等粗细的金属线缠绕于另一根枝条。

二、铝线捆扎方向

　　缠绕铝线时总会有该向左或向右的疑虑。其实起线时，若有一端呈顺时针方向，则线的另一端即为逆时针方向。缠线捆扎熟稔后会形成一定的逻辑，那就是在起线缠绕时若以顺时针方向缠绕，则铝线在往枝末尾端伸展时也会很有规律地呈顺时针方向缠绕。虽然枝棚过于密集时，会有顺时针或逆时针方向一起使用的情况，但只要枝条的某一位置没有过多的金属线或交叉叠线即可。

1 以粗径金属线捆扎至一个点时，须改以较小直径的金属线延伸缠绕。

2 金属与枝条的捆扎尽量以同一处不超过 3 条金属线为首要原则。

3 全株最下方枝条缠线完成时样貌。

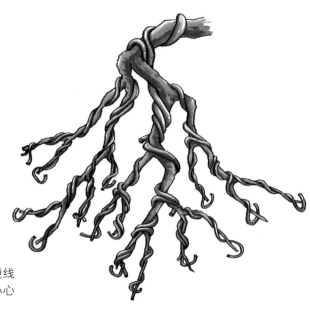

4 建议金属线尾端可稍微绕圈，以便线的延伸，并避免因线头外露而不小心刮伤操作者的手部。

三、按照枝条粗细搭配金属线

　　无论是五针松还是其他树种，其枝棚枝桠一直有代代分明的鳞次栉比，从树干分枝而出的第一枝条历经几年的层层分枝，一分为二，二分为三或四，再渐渐分枝而出，这由粗而细的分枝，虽没有用铝线固定，但欣赏那些鳞次栉比的枝形就已经让人流连忘返，若再将这些枝条使用粗细有致的金属线调整至适当角度，那将极富美感。金属线的粗细尽量以枝条粗细作为依据，较粗的前头枝建议使用粗直径铝线往细枝缠绕，再往更细线分去。前次的金属线往细枝分去时必须再多出一圈到一圈半，好让第二次的线有借力的支点。支点的延伸也就可以沿着枝棚前头再细分至最尾端的枝末。

1 先将第一条金属线折出与枝头粗细相仿的
　"U"字形。

2 事先做好弯曲，进行金属线缠绕
　时会更顺手。

3 起线时线头的牢固是
　很重要的。

四、起点的固定

　　金属线缠绕捆扎最重要的步骤就是起线。起线一开始可将线先从中间折成一个"U"字形再套入分枝点，接着用一手紧压固定铝线，一手拉线缠绕住枝条。当线一圈一圈往外缠绕时，一手压住，一手拉线往枝尾延伸。

五、绕线捆扎要领

　　枝棚间金属线的捆扎尽量是缠一线调整一次，接着再续上第二线。第二线须尽量与第一线靠拢。若线的长度不够可再继续延线，但必须借前头1~2圈为支点。所有缠线过程切勿让线与枝条间留有过松的空隙，若有此状况须暂停，先使用工具镊排除后再继续往尾端缠绕捆扎。

第二线与第一线的并线须并拢，并掌控好金属线与枝条间的紧密度。

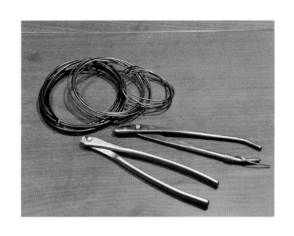

① 忌先将金属线捏成小球状

金属线捆扎时勿将铝线先行取下一大段长度，徒手绕成小球状置于手中。因此方式会在捆成球状动作时无意间改变铝线的密度，导致缠线捆扎时因密度不一致而呈现不同的弧线，进而造成金属铝线与枝条出现松紧不一的现象。

② 取线长度

剪取铝线前可先目测欲缠绕枝条的总长度，再以该总长度乘以 1.6~1.8 倍即可。

③ 缠绕捆扎时第二及第三铝线的加入

缠线时经常会遇到第一线缠绕完成后，加入第二线到分枝完时却与第一线的叠线发生交叉。这种情况一旦发生，若需要再加入第三条线捆扎时容易让所有金属线在分枝处纠缠于同一点上。为避免这一窘境，可在第一线缠绕至枝条分叉点时停下，等到第二条铝线缠绕到分叉点后，判断第一、二线需要各自行走的枝条。两条以同样顺时针或逆时针方向缠绕后的铝线会更容易加入其他铝线的缠绕捆扎。

1. 第一线绕至分枝点时可先停下，待第二线绕至同一处，再细分第一、二线各自的走向。**2.** 若以同样的顺时针方向进行缠绕，第三线再并入亦可同样随心所欲。

④ 金属线缠绕时与枝条呈多少角度为佳

金属线与枝条缠绕的角度关系到金属线强度能否影响枝条左右。金属线累进的角度过小，只会让金属线失去强度并在枝条树皮上产生勒痕；若累进角度过大，虽能保有金属线左右枝条位置的强度，但容易因为枝条位置来回调整而产生枝条与金属线的空隙。其最适当的推进角度是金属线以60°左右与枝条累进。此角度是既能用最有效的强度来调整枝形又不会过度浪费金属线，且这一角度的推进在视觉上较容易与各枝条的分枝角度产生共鸣。

⑤ 门闩枝忌金属线对缠

用金属线缠绕门闩枝时没有借力的枝条，而是直接将左右枝以一根金属线作为延伸对缠。此法容易使金属线因无支点可借力，而造成调整左枝时右枝晃动，调整右枝时左枝跟着移动。为避免这一窘境，建议金属线的缠绕捆扎尽量能有计划性地分配线路，以避免缠了足够的金属线，调整枝条角度却未能达到预期的效果。

1

2

⑥ 拆线技巧

缠线捆扎时若发现金属线缠绕方向错误，想要拆卸一段或一两圈时，可用左手指往回一圈固定压紧，而另一手将线尾按照原来推进的角度往回旋开。此法能有效避免拆线时因未固定线前端，金属线在旋转时产生晃动而擦破了枝条树皮。

1、2.枝棚间门闩枝整姿缠线时，可先以一条线缠绕于前方一枝或后方一枝，完成后再以第二条线加入左右对向缠线捆扎（虽左右对向缠线，但仍需注意行进角度）。

金属线的借力展线

　　除了第一条起线是运用树身作为支点外，整个缠线捆扎过程无不是借由前次最后 1~2 圈的末端支点来延伸下一条线。当遇到树身最顶端的天枝（顶枝）是以一出枝点分散出多枝的状况，这借力展线技法即可淋漓尽致地发挥。即在一处轮状枝上以第一线缠绕至某一枝后，调整至所需位置，再以第二线的左端与第一线枝缠在一起作为支点，使第二线左端稳固后以第二线右端向右侧一枝缠绕，在调好角度后再以第三线同第二线做法操作一次，以此类推至整个轮状枝缠绕完毕。

1　第二线的并入可借由金属铗将两线夹紧后再进行捆扎。

2　多向角度枝条若需整姿时，可先以第一线的一端固定于主干，再将另一端缠绕于天枝处的其中一枝（七点钟方向枝条）。

3　第二线的并入可一端固定于第一枝（七点钟方向枝条），另一端缠绕于第二枝（九点钟方向枝条）。

4　第三线的并入可一端固定于第二枝（九点钟方向枝条）后，再将另一端缠绕于第三枝（因第三枝隐于第二枝后，故第三枝为八点钟方向）。

5　第四线的并入可以一端固定于第三枝条后，另一端再缠绕于第四枝条（十点钟方向）。若遇有多数放射状枝条，可以此类推操作。

三月管理

枝条的嫁接

在获得五针松创作素材后常发现缺少内侧芽。在内侧芽（退枝）不能立即确定有效前，使用同枝拉回再嫁接的方式也是解决这一问题的一种方式。初春时，五针松树身汁液已开始活跃，各芽点也开始萌发，此时正是嫁接的最好季节。

1　尽量选择一年生的枝条作为接穗。

2　枝条以平滑无伤口为佳。

嫁接前应选择各枝最前端及较强势的一年生枝条，同时也选好欲拉回接穗的接触点，由接点处斜切（大约和枝条呈30°角）约1/3深度，然后再以可互相咬合的方向嫁接紧扣。此时需注意切口处不可来回碰触，尽量一次完成到位，甚至要避免嫁接时和手指或工具的多次碰触。然后再以透明塑料带捆扎固定。但捆扎前应用其他金属线先在接点前端固定，以利于捆扎塑料带。完成后不需要用塑料袋套袋，只要嫁接完成后保持日照充足，且树体本身不缺水，成功率可在三至五成。此法成功与否大约在半年间即可见分晓。成者，可分2~3次将接点前端某一处慢慢将树皮水线切断，分段切除不要的部分可促成养分往被接枝端输送；不成者，来年可在不同处重复操作一次。

3　接枝处选定后，利刃与枝条呈30°角，轻轻斜推至1/3深度。

4　另一端接口处也按此同样操作。

5　将两斜切口轻轻地互相咬合（枝条末端可用一条铝线圈起固定）。

6　最后以透明塑料带紧紧捆扎牢固，不建议以自黏胶带取代透明塑料带（自黏胶带含过多化学成分且日晒后有可能脱胶）。

嫁接时最好选择用同一株的枝条来做接穗，才不至于将来在同一株树上出现两种叶长、叶色。而且五针松并非如杂木类或真柏类的树种易于嫁接，所以一棵五针松的枝条多年多次嫁接是常有的事。

1. 这两把不同的刀刃为嫁接好帮手，如欲斜切较薄切口者建议使用右侧刀刃。2、3. 嫁接约15年后的愈合情形。4. 嫁接后伤口较平整的枝条。

换盆——地栽上盆、介质更换

　　台湾五针松在换盆适期的2个月中，3月初算是最恰当的时间了，原因在于除了冬季蛰伏以外，五针松一直在蓄势待发，一旦春天来临，芽点全被唤醒，会在极短时间内分化萌动。此时很容易观察到芽点的生长，但培养中的五针松相较种植于成品盆中的芽点会有所不同，要如何分辨呢？只要观察到芽心已分化到叶尖，即是最佳的换盆时期，而地植盆中培养的五针松或成品多年的老松在萌芽过程中皆会有分化至叶芽尖的时点，所以可以用是否见到叶芽尖来作为最佳换盆时机。

　　换盆前要先考虑清楚换盆目的，可能是在培养盆中已达成品状态，可能是地植多年已达计划中培养用盆的大小，也可能是处于成品盆的时日过久必须更换新介质等。目的明确后，便可准备换盆所需的物品，例如更新拆卸旧介质的工具和上新盆后的固定器具，当然还有新介质与盆器。切记，物品的准备必须在事前布置妥当。如果工具材料事先准备不足，操作时容易因为方便行事而省略其中某些步骤，进而影响日后松树生长，唯有尽量面面俱到，才不至于让费心创作的一棵五针松盆景毁于一旦。

培养盆中幼龄松的叶芽分化情况。

换盆时需注意在五针松从盆内拔起后，用利刃剪除旧的介质及根系时要留下约一半或1/3的土团，这样有益于上盆后树木与新盆间的固定。此外，应特别注意避免旧盆土在毫无剪除的情况下再次套上新盆。有计划性的造型应该是运用换盆之机，顺便整理茎基样貌及根系。

上述换盆时间应属于整个3月适期的最后尾声，而换盆时期掌握得越准确，五针松在新盆上等待萌芽的时间则越短，损耗率也可随之降低。然而从业者在五针松种满整园甚至更多的状况下，笔者所提供的换盆适期可能较难掌握。种植数量较多者，其实从冬至之后便可开始以较为保守的方式进行换盆，甚至可在中秋节前后换盆。

1. 培养中的烛芽抽长后再分化叶芽的情况。2. 由成品盆再植于培养盆中，做内侧芽步骤后第三年发芽的状态（此时为换盆的最适期）。3. 老松上的叶芽生长情况（此时换盆也是最适期）。4. 换盆后的植物固定比选对换盆时间点更重要。

田间培养初苗阶段的三分品素材。

以原有田间培养介质未清除
的状态，移植到较大型的木
制盆器中。

因在秋天移植，水分如无适时适量供给，则整株树会干枯。

由于培养数量众多，树势强盛者可在秋季移植。此季节移植必须注意水分管理。

已移植一年的三分品素材，恰当的移植时间与适当的植后管理使树势强盛。

准备移植前先断根。周全的断根操作能提高移植的成功率。

1. 断根。2. 上盆后树木的固定工作也十分重要，同样关系到上盆
后的存活率。3. 上盆后确定固定妥当。

摘芽修剪

　　每年4~5月进行摘芽、除芽是台湾五针松管理上的重头戏。摘芽前，应先明确摘芽的目的是为了创造绵密的立体枝棚，还是为了让枝条一分为二，二再分四……依此类推；抑或是为了缩短枝叶的节间，让松叶长成后展开呈现云朵状，目的不一而足。笔者依自身操作经验，将摘芽目的归类如下，虽归类方式有些重叠，但做法不同是为了不同目的而行。

一、初苗蓄干阶段的摘芽

　　实生苗寄植于培养盆内尚未种植到田培阶段称之为"初苗阶段"。初苗的春芽是否需要摘芽，非常值得探讨。由于初苗阶段的苗木极为强势，大部分会在第三年到第五年间出现车轮枝的强势芽，更强势者甚至在第二年就会发生。此时如果不及时摘芽，车轮枝就会出现在未来盆树的主干间，而当树干有车轮枝出现时，出枝处的肿大变形也会随之发生，所以初苗阶段的新芽续留与否很重要。先不管车轮芽数有多少，不管是两强一弱、还是强弱各一，都先以留下主要的强枝后再留下1~2枝弱枝即可。留下3芽时，也尽量以等腰三角形的排列为佳。此摘芽方式可创造出较为顺畅的树形。

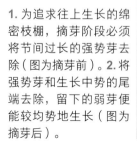

1. 为追求往上生长的绵密枝棚，摘芽阶段必须将节间过长的强势芽去除（图为摘芽前）。**2.** 将强势芽和生长中势的尾端去除，留下的弱芽便能较均势地生长（图为摘芽后）。

二、素材培养阶段造枝的摘芽

培养阶段最需要合理性的枝棚生长及绵密的枝棚造枝计划，所以进入培养盆阶段的五针松都应着重于水平侧向枝桠生长的控制，因枝条的生长和将来枝棚的代枝数息息相关。在造枝阶段，如果只有2个芽点，则使2芽强弱均等即可；如果发生3芽并排的情形，则摘除中间的强芽，再使留下的2芽强弱均等即可。然而必要时也可留下长短不一的枝桠生长（枝桠一分为二，二分为四，接着再往外分枝后，一段一段地往外生长，称之为代枝数）。

三、车轮枝的选芽

会产生车轮枝的五针松大多数发生在顶芽处或是横向枝的最前端，即较为向阳或日照充足处，且越长越强势。所以当轮生枝萌芽后，就应选择不留芽尽速剪除。原则上车轮枝不论数量多少，尽量以留下2~3个弱芽为佳。例如顶芽车轮枝可留下2~3个弱芽，其余剪除，留下的弱芽在未来枝条成熟后，可有较短的节间，而横向的车轮枝则留下较下方位置的2枝弱芽，其余剪除，如此可在未来造树时产生较有力道的枝条流向。

1. 顶芽处强势枝的车轮枝可达7枝以上，有时甚至可达十几个枝芽。**2.** 剪除强势的芽，留下较为弱势的芽。**3.** 强弱不一的新芽。**4.** 将强弱不一的新芽修剪后的样貌。将强芽去除，再将长势居中的烛芽去除一半，弱芽将快速生长。

四、3 芽的强弱去留

在培养阶段的五针松常发生长满3芽新绿的情形，而3芽中会有一强二弱的状态，也会有强中弱各一的情形，此时只要把生长位置在中间点的强芽从芽根部剪除。若摘除强芽后，中强芽和弱芽的差距仍然悬殊，则只要再把中强芽由芽基部开始算起，留下4~6束松针后其余剪除即可。以上两种剪芽操作可使两芽新叶长成之后，会有同等的枝长与叶量，且当中强芽的尾端被剪除后即不会再抽长。

1. 强弱悬殊的轮状芽。2. 同样将强芽去除后，留下较为弱势的小芽。

五、2 芽时强弱芽的去留

五针松枝尾端芽有2芽一起萌发时，2芽同等强弱的情形少见，通常是一强一弱，若任其发展则会变成强芽越强，最后成为长节间的枝条，弱芽则是不再生长，逐渐弱化。为避免此类情形发生，当强芽长到可判断具备8~10个叶芽尖时，从芽基算起保留4~6束叶芽后其余摘除。此时强芽会受到抑制不再生长，而弱芽将奋起直追。只有当弱芽追势过盛、生长过长时，则弱芽发展的枝桠也必须再做摘芽，只留下4~6束叶芽后其余剪除。

1. 一强一弱的芽况。2. 留下4~6束强芽的叶芽后其余去除，促使弱芽均势生长。

六、老松成品木阶段的摘芽

　　通过少量日常给水、施肥等管理方式，可使接近成品进入展览阶段的老松不必每年都为摘芽伤透脑筋。当成品木移植于成品观赏盆后，因其内部容积小，所以介质量也较少，理所当然，水与肥量也相对减少，使得春芽萌生期也较不会产生烛芽，甚至会有整棵松树无芽需摘的情形。如果有过长的烛芽产生，也须留下 4~6 束的松针叶芽，其余剪除即可。

1. 在成品阶段的老松树上依然可以看到略有节间的强势芽。2. 为创造有云朵状的叶朵，依然留下 4~6 束叶芽后，其余剪除。3. 几经驯化后，短叶老松树上长出的春芽几乎是没有节间的颗粒芽，而这类芽予以较贫瘠的方式管理时，来年的短叶芽长势可以持续强势数年。

七、胎芽的去留

台湾五针松在原生地多是以一年一次春生芽的形态生长，除非生长地有突发的气候因素，导致该松树忽然有大量断枝或多量叶幕的骤减，才会有第二次芽的增生。然而，我们地植或盆植培养的松树却常因创作的刻意修剪而导致叶幕大量缩减进而产生二次芽。而此二次芽若只是因叶量减少的自动调节，则这二次芽会恰如其分地补足枝棚间的空位。但若是因为过度强剪，松树本身会猛然爆发多量的胎芽，此胎芽快速成长为枝条。而胎芽的枝条会因叶朵节间过长、枝条瘦弱乱窜无方向性，造成不利于未来枝棚填造的结果。若此情况发生，笔者建议待胎芽枝成长完成后再予以剪除。

1. 建议让胎芽快速且完全生长之后，再将其全数剪除。2. 养分过于充足时，生长快速的胎芽会有较长的节间。3. 胎芽过长的胎叶芽细部图。

小贴士　进行各种目的的摘芽时，最需考虑的是天气问题。如遇雨天则建议延至晴朗天气再来施行，因雨天剪芽其伤口愈合较慢。建议晴天早上浇完水后摘剪最佳，因浇水后叶芽较为脆弱易折断，且伤口易干，更利于日后的愈合。

剔芽的缩短修剪

在台湾五针松枝棚内侧深处无分枝且日照可及之处，都会有一些细小且不易被发现的定芽点附着在枝条间^(注1)，这些细小的定芽点通常会隐身在新生枝桠间（3~7年）。如果不去刻意进行一些摘芽与挡芽，那么这些内侧的定芽点大概也不会无故冒出叶芽而开展成枝，枝棚也会因为没有丰富的内侧枝而永远无法形成扎实的叶团。

不管是从培养场还是从花市购回的五针松，叶群大部分都是在外围，内侧通常无枝棚叶群，甚至自行栽培的成年老松到最后也会因为缺乏内侧枝条，而失去让过于老态的枝棚有重新再形成绵密枝棚的机会。运用摘芽来迫使停滞生长多年的定芽点再萌发，在这一季节也就特别重要。

如何以人为方式迫使内侧定芽点萌发？操作前提是不论任何树龄的盆栽五针松都必须先养旺其树势，萌芽后断其芽势，促其枝条内侧的芽点萌发，然后再长成枝条。其操作方法是在前一年秋末冬初施以大量长效固态肥，五针松吸饱肥后会在来年春季以强势的树性萌发春芽^(注2)。此时不管是烛芽或车轮枝芽都以不摘不剪为第一原则，待其松叶徒长至一半或2/3长度时，从芽基处留下五针一束芽后剪除其余部分，也不管新芽是一枝或是2~3枝，都只留下最前头的一束叶芽即可。在剔剪松芽后，其强势树性的养分无处可发展，此时隐身在枝棚间的微细定芽就有机会开始萌动（成长程度端看树势强弱而定）。定芽如果停滞不动，则可

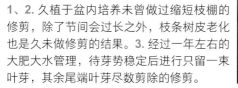

1、2. 久植于盆内培养未曾做过缩短枝棚的修剪，除了节间会过长之外，枝条树皮老化也是久未做修剪的结果。**3.** 经过一年左右的大肥大水管理，待芽势稳定后进行只留一束叶芽，其余尾端叶芽尽数剪除的修剪。

能是前年树势尚未养足，或是会在当年夏末秋初之际萌发，仔细观察会发现这些定芽的生长是极为缓慢的。一棵五针松叶群的缩短修剪，在前述的操作过程下，在3~5年间即可生长出绵密的枝棚（注3），所以这种缩芽剔叶的操作最需具备的便是耐心等候。

注1：因隐没在枝棚间的定芽点极为细小，在创作过程中常不易察觉，会在我们为五针松整姿缠线时被金属线、工具或手指无意间碰掉，故整姿修剪前必须先仔细检视整棵树有无此类定芽点，有的话建议先为定芽点做好保护措施。

注2：由于台湾冬季时平地温度并不像中、低海拔山区那么低，所以五针松几乎没有生长停滞期，此时施肥仍会促进五针松生长。

注3：台湾五针松剔芽缩短的修剪最好是以3~5年为1个周期，缩短修剪期间以"施肥→叶芽剪除→定芽"作为一个循环操作。定芽萌发的第二年，可能只见其松芽长成小小一束五针左右的松叶芽，到第三年不能因此而停止缩短修剪，如此的修剪步骤在第三年及第四年都需持续进行，待其定芽生长至第二代枝棚后，再以蓄养枝棚养枝方式管理。

1. 只留一束叶芽的修剪，一段时间后其枝条内侧芽点因养分充足，促使芽尖开始萌动。2. 修剪一年后的芽。3. 以原先的一叶芽慢慢生长成图片中的样貌。4. 由一小小芽点生长约3年后可开始分枝的样貌，此枝条点是多年后在大部分枝条节间过长叶量蓬松时，可再以这小枝条作为第二次替代性的枝条。

小贴士

此修剪方法最需注意程度控制，如果叶芽被强剪过头，树势会急转直下而变弱，虽然树不会立即枯萎，但定芽有可能自行凋萎；因此欲修剪的叶量多寡，有必要事前评估及控制，体现前文一开始所提及养旺树势再进行剔芽缩短修剪的重要性。

素材雏形的修剪

在挑选五针松素材时，难免会遇到挑战性大的、创作价值较高的素材。此类素材初期修剪定型时，修剪定型的方式不能像枫树、榕树或其他强势树种般剪除大量枝叶后再蓄养枝桠，否则很容易会发生失枝[注1]、叶尾焦黄[注2]、胎芽[注3]等情况。因为当盆上的树身一次去除过多枝叶及根系时，极易导致五针松植株死亡，所以在五针松的创作管理上，一次枝叶的修剪最多为整体的一半。笔者就曾因大量修剪而失枝，最后全树枯萎死亡，故建议采取较为保守的分段方式进行修剪定型。

注1：失枝，指因剪除大量枝叶或因曾在酷暑下失水而造成整个枝条干枯。
注2：叶尾焦黄，指管理不当时，五针松针叶尾端焦黄干枯，这在枝叶剪除过多及酷暑下失水时最容易发生。
注3：原本胎芽只会出现种子播种时，但若是过度修剪定型、肥分过多、树势过于强势时也会产生。

五月管理

久植于盆中培养的小品五针松，其茂盛的针叶已覆盖整棵树的内侧枝棚。

保守的修剪定型在1年中可分2次进行。第一次可于夏季开始，而且以保守为原则，如整棵松树有四五枝弃枝，可先行剪除两三枝即可（约整体弃枝数量的一半）。整形过程中，枝势如需较大调整，可用较大较粗的铝线直接调整，或是用铝线以牵引方式拉到所需角度，整个第一次雏形修剪定型作业到此即可告一段落。待秋季（间隔四五个月）时再次为该树进行当年第二次整形修剪，而第二次大量枝叶的修剪定型，只要拆掉年初时所缠上的铝线，直接再次缠线整形即可。

1. 整树修剪定型后。此次修剪的枝叶约整体的1/2，不宜更多了。2. 剪除的叶量。其中有胎芽枝、过长的代枝及过粗的枝条。3、4. 两图的左侧皆为已做修剪定型的模样，右侧较高处也将修剪同左侧高度。

小贴士

前期的雏形修剪定型作业最需注意的是修剪程度的拿捏，不少人常会过度修剪，如此一来不仅易伤及树势，更可能因树势下降而导致整个创作过程就此停止，需十分谨慎。

修剪前　　修剪后

因培养枝组过粗，此次也会一并剪除。

1、2. 强剪过度时叶尾焦黄。虽整树叶尾焦黄，然而并不会影响隔年春芽的生长。3、4. 若春芽强剪过度，则胎芽会如同雨后春笋般冒出。5、6. 适度适量的修剪，可避免新芽及内侧芽因适应不及而枯黄。

1、2. 过长的春芽不利于后期树形维护。若该树属于中大型尺寸，在枝条节间距上可有长节间距；但若为小型或迷你型时，过长的节间距则不利于树形大小的维护。

后期摘芽修剪定型（节间距过长的修剪定型）

当五针松春芽生长到 5 月底时，过长的烛芽及过多的车轮枝都已于 4 月底、5 月初被剪除，最后留在枝头上的就是当年会继续成长的叶芽。此时的叶芽大致都已发展至一定长度，有的叶基、叶鞘甚至已经开始熟成掉落，然而仔细观察仍会发现，一部分的新芽枝长过长，这时依然应剪除过长的叶芽，施作方式是保留基部 6~8 束的松针，其余剪除即可。

此步骤在五针松的春、夏修剪定型中颇为重要，如果叶芽过长不剪会影响枝条的节间距。笔者曾经仔细观察成品度较高的五针松需要多少束松针方能使其所产生的叶朵形状最为顺眼，结论是以 7~10 束所产生的叶朵最能呈现朵状叶团，而后期的叶芽修剪定型作业不只是为了叶团的塑造，也是保持树形的重要一环。

未修剪的节间距及叶量（约 13 束）。

留 5~7 束新芽，其余剪除，如此节间距也随之缩短。

茎基根盘的整理（剪除弃根）

五针松盆景创作时，不宜在短时间内进行过多的修剪定型，因为台湾原生种的五针松盆景种植及培养历程尚未超过50年，还没有标准化的管理方式，所以笔者以较为保守的方式施行分段的修剪定型管理作业。选择年间树势最强的时期来进行剪除弃根的作业，能让折损率降至最低。

需要去除的弃根有忌根、浮出盆土表面的根以及过长的根等，选择春、夏新旧叶挂于枝末最多时来进行较为恰当，切莫等到松叶成熟且叶鞘开始掉落后方才开始修剪，如此恐有叶尾焦黄之虞。忌根的切除必须注意其直径大小。过大者可分数次切除，尤其是直径超过五针松植株茎基直径的1/4以上者，更需要多次进行；较小直径的弃根则可一次剪除。但不管切除处大小，切除时必须留下切除根直径的2~3倍长。

若素材田培期间未将浮出土表、上下交缠、左右重叠的根系切除、整理，转植在较大培养盆时应尽速作业，以使未来植入较小成品盆时具有更丰富的观赏性。

图片中间的细根及左下侧的浮根虽未在当下影响作品的美观，但也建议于此次作业中一并剪除。

清除些许表土后可发现部分根系生长的方向并不妥当。

切除直径大的忌根建议以年为单位分多次进行。例如，第一次截锯一半（被切处必须是根部下方），隔年再截锯另一半（根部上方）。第一年截锯根部下方同时，也必须修平根皮并涂抹发根剂，以促进细根生长，如此第二年切除另一半时，弃根才不会一直往树茎基处干枯，不会导致树基在短时间内断了水线，造成树基处树皮干枯，最后变成树基处的舍利干。

1. 将大部分不理想的根系悉数剪除后的样貌。2. 剪除时，剪切面尽量平整光滑，以利未来伤口愈合。3. 修剪后盆土回填的样貌。
4. 弃根剪除作业所需工具。

短叶法

笔者曾经以日本黑松进行短叶法数年，然而结果并无明显成效，且出现两极化结果。强势树性者为其短叶摘芽后，会反射性地再次抽出夏芽或胎芽，且再次长出的叶子会比第一次的春芽更长；对于弱势树性者进行摘芽，结果是不只当年不再抽出新芽，甚至影响来年的萌芽，叶长参差不齐。在为五针松试行短叶法时，笔者手中可参考资料有限，只能自己不断实践，经年累月不断剪芽、剔叶、换盆改植，尝试多年后总结出以下几点关于短叶的有效方法。

1. 每年五六月份，趁着五针松春芽成长至一半时，开始将前一年的旧叶全数剪除，此举能使当年的松叶缩短。
2、3. 将旧叶叶基留下 0.5~0.8 厘米长度，其余剪除后，其残留的叶基会于一两周后因干枯而自动脱落。

旧叶剪除后的全树样貌。

（一）素材选择时，以叶性较短且直者为佳。

（二）素材选择时，以盆植较久且盆龄（种植于盆器中的时间）15年以上者为佳。

（三）盆植的盆钵尽量小一号，再施以少肥，正常给水，也有很好的短叶效果。

（四）可考虑以排水性佳、密度低的细沙石种植后，长时间不添加新泥土介质，即5~8年不换盆且不更新介质，也可使叶子短直、肥厚，具光泽。

近年，几位五针松爱好者发展了另一套五针松及赤松的短叶法，即在五针松春芽萌发时，当松叶长至所需叶长时，将附着于枝桠间的前一年旧叶一次剪除。剪除后，新叶芽的生长速度就会立即停止或趋缓，且新叶芽也会因为缺少旧叶进行光合作用的关系而停止生长，最后新叶会以剪除前一年老叶时的长度慢慢变绿。欲进行这类短叶法须保证树势非常稳定，且不能连续几年都以此方式为同一松树实施短叶，毕竟用耗弱的方式使其叶短，对树本身也是一种伤害，过分操作的话该树终将耗尽而枯黄。

施行快速短叶法2个月后的样貌。

1、2.图中叶形也极为短直，是以文中所描述的较温和方法栽培而成。

76

年中初次修剪定型

6月是一年中初次修剪定型的最佳时机。因此时生长中的叶芽群大致都已生长出一半以上的长度；树势强盛者，甚至都已经将当年的春生叶芽生长完成，保护嫩芽的叶鞘膜与老叶也开始掉落。这时，整个植栽的叶群（无论是在地面培养的素材或是种植在各大小盆器中的成品、半成品）是最为凌乱、参差不齐的时候。新叶的翠绿叶芽已成熟，而前一年叶尚未脱落，灰绿色的老叶仍停留于枝桠间，不仅同一树上有2种叶色，整棵松树会因当年叶与前一年叶同时存留使得全部叶量是其他月份的2倍之多。再者，如果前一年底

于新芽长至最后阶段时，进行当年度的第一次修剪定型。这次修剪定型的重点在于将之前所预留的枝棚重新架构圈点。

因以较大培养盆种植，再以大肥管理，才有如此强势的长势。如此高密度叶团若不适时剪定，则贴近树身的内侧芽不易受光，恐将导致病虫害滋长而日渐凋萎。

或前两年施大量肥料培养，或是自然长出的内侧芽也都发展出1~3束以上的针叶，抑或是因年初肥培后再强剪而已陆续长出今年的第二次芽。故此时是修剪定型，让其枝桠内部受光通风的最佳时机。

由于初次修剪并未与整形缠线同时进行，所以应尽量保留枝桠间新长出的内侧新芽。而树身上过多的枝条，甚至长年修枝剪芽而造成的过密分枝与叶一并剪除。整个剪除弃枝的作业，以不超过整棵树叶幕的1/3为宜，以免影响树势。

因为此树树势甚强，笔者修剪叶量较大，同时将造枝时不需要的枝条一并剪除。

前一年老叶的剪除

五针松春季的叶芽生长至今，大半都已接近尾声，而整年度五针松的管理也在此时进入到一个分水岭，即由造枝蓄芽，转为整形修剪。当新叶芽成长已臻成熟（以叶鞘脱落与否为依据），此时新叶（当年叶）及老叶（前一年叶）都会集中于枝桠间。新叶及老叶会呈现2种颜色，新叶叶色较为翠绿，老叶则为灰绿色且叶尾尖部易有焦黄状。若整棵五针松盆树叶量很多，则大部分老叶会在新叶芽生长完成、叶鞘脱落时自动转黄而掉落；但若五针松盆景已属老态且叶量有所控制，不主动剪除老叶，其老叶是不会自动脱落的。因此，为便于日后管理及后续整形作业，对于这类成品度较高的盆树，笔者建议人为强迫剪除老叶。

在五针松的管理上，必须剪除老叶的理由有以下几点。

（一）整体叶量控制。

（二）老叶剪除后，可使枝桠内部受光更为平均，促其内侧芽萌发。

（三）枝桠间通风透气。

（四）因日照充足及透气性好可降低病虫害的发生概率。

（五）旧叶剪除后，可避免新旧叶色不均，使整体树相更为美观。

上述5点中，以第一、二点最为重要。此外，还有另一个需做老叶去除的原因，即秋、冬季整型作业中进行金属线缠绕时，剪除老叶方能使缠线有效控制于枝条末端位置及适宜角度处。这点在实践中更能深刻体会其中缘由。

1、2. 五针松自6月底，其新生叶开始成熟，而前一年生老叶也逐渐转黄。这些日渐枯黄的老叶有些会自然脱落，有些则会一直依附在枝桠间，直到来年该树的新叶长出时才会脱落。

去除老叶方式一般有2种，一种是直接徒手拔除，另一种是以锐利剪刀剪除。笔者建议采取第二种方式，因为以剪刀剪除老叶，在枝桠间的树皮上不容易产生撕裂伤口。

去除老叶的做法为直接留下松叶的叶基0.3~0.5厘米，其余剪除，而留下的叶基会于一两个星期后自动干枯脱落。若是再作循环性周期的退枝者，则建议于较接近干基处留下1~2束去年叶，使来年可于去年叶心处长出内侧芽。而提早剪除的老叶，可避免秋、冬季整形缠线的时间和夏季老叶剪除、叶量调整的时间过于接近，更能避免影响树势。

1、2. 老叶去除后，绿意盎然。只留当年新叶，不仅可使枝桠间更通风，还让整棵五针松的树态更显精神奕奕。

3. 以锐剪剪除老叶尾端，留下0.3~0.5厘米的叶基，这叶基在一两周后会因无光合作用及水分传输而干枯脱落。4. 叶朵中间颜色为咖啡色者为新叶叶芽的叶鞘膜。当叶鞘膜开始脱落之际，也代表新叶芽成长完成，此刻可开始进行老叶去除作业。

金属线的拆除

　　金属线拆除方式可分为2种，一是徒手将铝线以左右旋转方式扭开，拆下的金属线拉直后可重复使用；二是利用金属线剪铗分段一一剪除铝线。前者的操作方式虽可节省耗材，但若操作不慎，反复旋转多次可能造成树皮损伤；而后者虽使线材无法再次使用，但不会有撕裂树身的隐忧。

　　五针松盆景的塑形除了可使用剪刀进行长年的整理修剪引导外，另一种不可或缺的引导树形的方式便是利用铝线或铜线进行蟠扎调整了。一棵五针松的塑形，通常需要年复一年多次使用金属线蟠扎为其调整，这是因为树身或枝桠在盆中虽然生长缓慢，但若有金属线附着其间，却又未注意树木的成长速度及态势，没有即时将金属线拆除的话，终究会导致树皮产生永远无法褪去的金属线压痕。

　　那么，蟠扎于树皮上的金属线持续多长时间为佳呢？笔者建议半年至1年左右。然而，金属线蟠扎时间的长短也可依照成品度及创作阶段作为考量，越是处于创作初期的越是要提早为其拆除金属线，而接近创作完成阶段的则可视其树皮有无金属线压痕再行拆除。因创作初期通常需要使用金属线缠绕于枝条上，对其做较大角度的调整，而大角度的调整恰是最易产生金属线压痕的原因。当年复一年进行枝条间的创作，使其渐趋于我们想要的角度时，后续通过缠线来改变的角度已逐渐变小，就算金属线长久附着也不会产生压痕，所以成品度较高者，甚至可一两年都不需拆除金属线。

　　最适合五针松进行整形的时间通常是每年秋、冬时期。在每年六七月新的春芽完成生长后，树干及枝桠会生长变粗，尤其是新旧叶共存于枝桠间时，其树身及枝桠长粗的速度会更快，所以笔者建议于六七月进行金属线的拆除为佳。

褪色后的金属线与枝桠的色泽极度不协调。这类情况下建议将金属线拆除。图片中所使用的金属线为铝线。

铜线与铝线的应用

一般在市面上经常看到的金属线都是电镀成古铜色的铝线或是原白色的铝线较多，铜线因购买不易且制作难度更高，因此鲜有人使用。铜线与铝线这两种线材的差异性在于相同直径下，铜线强度约为铝线的一倍，由于铜线较硬，所以在整形上有明显的难度，但也正因如此，铜线在蟠扎后调校枝条的支配度较大。此外，铝线在树身上经过风吹日晒氧化后，其外层的古铜色电镀层会渐渐褪去，虽然枝桠未因长大肿胀产生金属压痕，但由于褪色后外观不佳，因而也必须剪除。而铜线在枝桠间愈久，外表因为氧化形成不具光泽的深咖啡色，几乎可与松树枝干融为一体，故当松柏类盆景接近成品阶段时，使用铜线为其整形时，既不会因枝桠还会继续生长而产生金属线压痕，且枝桠与铜线有同色化效果，因此在之后的两三年间可不必进行铜线的拆除。

1、2. 因金属线蟠扎于枝条间时日过久，该处树皮已开始产生凹陷。图片中所使用的金属线为铜线。

1. 五针松树身若有金属线压痕，在视觉上会产生极大的违和感，建议在缠线整形 3~5 个月间，趁着尚无压痕时将缠绕过树身的金属线先行剪除。

2、3. 几乎无铝线压痕的枝条，近距离欣赏有着自然之美。

4、5. 先以纱布将金属线包覆后再行蟠扎，可延后金属线在枝条树身产生压痕的发生时间。

七月管理

第二次芽的摘剪除

　　五针松如果在山上的原生地生长，大概不会有第二次夏芽或秋芽的发生，除非在当年遭遇大风雨或雷击时断了大半枝棚，使得整棵树的叶幕大量骤减，才会有一年二次芽或多次芽发生的可能。但异地而种的盆植五针松呢？除了每日例行性的浇水，进行强势春芽的摘除，以及年间的施基肥、追肥等基础作业都有可能造成当年的第二次芽或多次芽的产生。

　　一般我们常见的第二次芽有2种，一种是在四五月间的初春强势芽，即在进行大量强剪后再次冒出的胎芽；另一种即是一般的叶芽（叶芽也会因节间过长而无存留价值）。前者一般都会有较长节间，且胎芽枝条较为纤弱，所以建议芽基处留下1~2束叶，其余剪除或是全芽剪除也可以；而后者叶芽的长度一般很难与第一次春芽的叶子相同，第二次芽多以较长的叶子穿插于叶群中。其实，不管节间长度与叶子长度是长是短，除了留下需填造枝棚所用的枝条外，其余的第二次芽都一并剪除，因不整齐的叶长会影响整棵树的外观，尤其是已接近成品的五针松盆植木。

因年初摘剪过春生芽，使得6月份时，第二次芽强势冒发，叶量甚至已超过年初的第一次芽。

基本上盆植的五针松大部分一年中会有第二次芽，甚至第三次芽的产生（只有较老的成品树一年方才一次春芽）。多次芽的产生，大部分都是人为因素造成，留与不留皆视需求进行调整。同时，也常在年初换盆改植后，树势转为衰弱，当年新叶芽稀少，故随着春生芽冒发、根系生长，第二次芽随即展开。若有此情形者，则建议第二次芽不要剪除，留着继续培养树势，待来年树势恢复了再进行摘芽修剪。

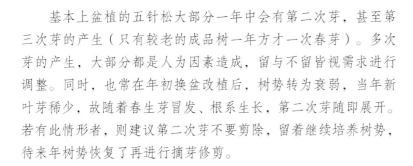

第二次芽剪除后的模样，仍保留较短节间的弱芽。

虽是整年度的第二次冒发，其强势叶芽仍有较长的节间距，而长距离的节间不利于五针松中小品的枝棚造枝。

强势的修剪来自于年度间的细心管理，成堆剪下来的枝条几乎比留于树上的还要多。

一年中第二次芽的去留

小专栏

透水性不佳的盆面改善

　　盛夏的7~9月是五针松最需要注意水分补充的时期，而水分补充最直接的方式便是早晚浇水。每天浇灌必需水量时，须特别留意若遇到年久尚未换盆（五针松盆植5~8年之久）的植栽，其盆土表面往往长满青苔，或因长年施肥致使盆面土壤板结，则极有可能在浇水时，水直接由青苔上溢流于盆缘之外，无法顺利渗透进入盆土中，造成五针松植栽因常处于缺水状态而树势日渐衰弱，影响了未来的生长。而此时的盛夏又不是五针松更换盆土的适当时期，最佳的补救方式便是将表土上的青苔去除，再刨除些许盆面土壤（0.5~1厘米深），接着用刷子将松脱碎土刷除干净后补上新的轻质山沙或其他介质，最后以泡水软化后的全新水苔做铺面保湿，如此一来即可改善盆面透水性不佳的问题。

多年未更换过盆土的五针松，其盆面已布满了青苔。

1 先浇湿盆面后再将青苔仔细剥离，刨下的青苔也可晒干后揉成屑再撒回盆面。接近盆面的细根也一并剪除。

4 剪除细根后，再将盆面的细土刷除干净。

2 将盆子转至倾斜角度，利用熊爪等工具将盆土往下刨 1~2 厘米深。

5 回填细沙土。

3 盆土刨除后，拥挤的细根也一一浮现。

6 水苔铺面可以预防盛夏午后水分的快速流失。

病虫害防治

春、夏二季是五针松病虫害好发的季节。在这季节中，很容易在松树各节间及枝条背阴处发现蚜虫、粉介壳虫、介壳虫及蚂蚁等的踪影，甚至会出现松材线虫啃食松树主干，造成毁灭性危害。在日照充足却通风不佳的情形下，病虫害发生的概率会更高，对于五针松盆景较常发生的病虫害及其处理方式如下。

一、虫害

（一）蚜虫：通常危害新芽及嫩叶。全年都会发生，但以晚秋（10~11月）、早春（3~4月）为盛。喷施9.6%吡虫啉可湿性粉剂3000~5000倍液可有效防治。通常施药一次就可见效，若害虫密度太高，可于1周后再施第二次。

在五针松上最容易发现的蚜虫。蚂蚁则是与之共生的小昆虫。

（二）介壳虫：介壳虫种类众多，整年都会发生，共同点是喜欢光线不足的场所，但有的喜欢潮湿，有的喜欢干燥，通风不良的环境尤其是它们的最爱。介壳虫会为害全株，包括根和果实。发生密度高时，通常需要施药多次，第二次施药应隔1周以上。可施用毒死蜱40.8%乳剂1000倍液。

（三）红蜘蛛：主要危害叶片（以老叶为主）。不喜欢潮湿，所以雨季来临时密度会降低，干燥季节易发生。可施用15%哒螨灵微乳剂1500~2000倍液。

1、2、3、4.常见于五针松针叶上的介壳虫。

二、病害

（一）灰煤病：此病是由吸汁性害虫（蚜虫、介壳虫、木虱、粉蚧等）所分泌的蜜露引起。有效防治吸汁性害虫，就可杜绝此病。

（二）叶震病：目前虽无最有效的药剂可供使用，但平时可施用代森锌锰或石灰硫黄剂来预防。

大部分药剂是作用于病菌及害虫，而并非植物本身，所以相同的病虫害，用药效果并不会因为发生在不同的植物上而有所差异。效果会有不同是由于病虫害危害植株部位的不同。

1、2.夏季松叶上的锈病初期症状。3、4.锈病后期症状。5.夏季叶震病症状。

例如，介壳虫藏匿在容易脱皮的树种的树皮缝隙内时，因药剂不易进入，导致防治效果大受影响。

除了病虫害发生时需进行处理，一般还建议：

（一）雨后杀菌：通常相对湿度高的环境较容易发生病虫害，因此雨后可进行预防工作，可使用甲基硫菌灵70%可湿性粉剂1000倍液。

（二）于病虫害易发生的季节，早春、晚秋每个月施药剂1次，其他时间则2个月1次。

以笔者经验，其实若是日照充足、通风良好且湿度足够，五针松不太会有病虫害的发生，但还是建议进行防治性施药，即于春季开始时，以稀释较大倍数的前述药剂来进行防治性管理。如果农药施洒过量，对环境与人都有损害。

1、2、3. 叶震病后期症状。

4、5. 市售的常见杀菌和虫害防治用药。请严格按照说明书小心使用（照片仅供参考）。

高压

五针松的繁殖方式大致上只有种子繁殖与压条2种，又因大多数的种子繁殖只能形成单干树形，如欲取得有连根的两棵或多干联结素材，基本上只能依赖压条方式取得。

压条方式有2种，一是将枝条下压至泥土层里做压枝繁殖，二是将高空枝条包扎泥苔介质的取枝方式，后者我们简称为高压法。五针松为向阳性的强势树种，但第一种压条方式其下压枝条所需阳光易被上方枝棚遮盖，且能利用的是接近地面的老化程度较高的侧枝，故成功率也不高，因此这种方式较不适合，笔者更建议使用第二种方式进行压条繁殖。

每年夏末是五针松树势最为旺盛强劲的季节，也是树液在树身内流动最为活跃的时候。春季因新生春芽之故，树势尚未完全稳定，所以选择春生芽生长完成后的夏季（8~9月）做高压取枝最为恰当。而在亲树选择上，应当挑选树态强健、叶性短直肥厚、枝条位处树冠较外围向阳者。

高压法是对在枝条上会产生不定根的树种用剥皮或束压紧缚的方式来阻止其树液流通，以促进其细胞分裂再生，待长出新生根系后切离，繁殖成与母树同一性质的单一树体的方法。

在平滑无伤的部位（若凹凸不平或树皮有受过损伤，树皮结痂会导致环状剥皮后不易发根），以枝干直径的1~1.5倍，用环状剥皮方式划开树皮，并把树皮完全剔除（需剔除至木

1　选择叶性短直丰厚的枝条作为高压枝条的对象。

质部）。接着，以发根剂均匀涂抹环状剥皮处，待略为干燥后，用预拌好的泥苔混合介质^{（注1）}以高压枝条直径的3~5倍，包扎成一团球状。最后，用质地较厚的塑料纸包裹，再将泥苔土团扎捆紧实，日后只要注意泥苔土团是否湿润即可。

树势强健者，约一个月后即有根系长出，3~6个月后就可以将高压枝条取下。植株或高压枝条较不强势者，也会于1~2年间开始发根。如欲检查塑料纸内有无根系，除了直接以肉

注1：泥苔混合介质的做法为将消毒干净的水苔与细颗粒赤玉土以3：1的比例混合，再以水浸润即可。

 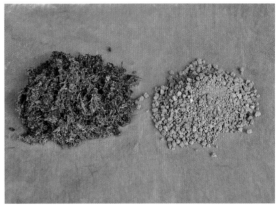

2 将水苔与赤玉土以3：1的比例混合。左图右下角为较厚的塑料纸，于户外暴晒一年半载依然不会破损。

3 选择亲树上顶部外围向阳的枝条，可提高高压繁殖的成功率。

眼观察外，也可通过高压枝条叶色判断，当其由黄转青时，代表根系已在泥苔团蔓延，即可从外观来判断该枝条切离母树的适当时机。

如遇直径较大的高压枝条（4厘米以上，粗的高压枝环状剥皮后发根缓慢），有另一个方法值得一试。此方法为在预定高压的部位，以1~2毫米铁丝或铜线卷绕2~3圈，再以钳子将其缚紧至陷入树皮内，其用意是阻止树液的上下流通，待金属线上方树皮肿大后（需1~2年）再以刀刃切除肿大部位靠近铜线处的树皮，后续包扎上泥苔介质等步骤同前所述。

4 以枝条直径的1~1.5倍长度，将树皮刨切去除。注意刀刃横切时树皮的平整度。

5 以介质填密后（介质内可掺入些许发根剂，提高高压繁殖成功率），再以胶带捆扎即可。

94

6 高压作业前可先以金属线捆扎 2 圈，待其捆扎上方处肿大后再行高压，如此也可提高成功率。

7 金属线捆扎 3 个月，半年后就会有如此肿大的效果。

8 肿大后更利于高压作业中树皮的剥除。

九月管理

蟠扎整形

秋末冬初是五针松树势最为稳定的时节，也是五针松生长周期较为缓慢的时节，直至冬末转春之际树势才开始慢慢活跃。因此，适宜五针松蟠扎整形的时间几乎可长达半年。

进行五针松整形作业时，需特别注意以下几项准备工作。

（一）蟠扎整形前约2个星期需先将老叶剪除，而叶基也会在老叶剪除后的第10~14天全数凋萎。剪除老叶的目的在于缠金属线时，能有效地将其缠到枝条的最末端。

（二）五针松在整形前，盆土应略为干燥，这样才能避免整形时因树身含水量过高造成枝条较脆，导致调整矫姿时枝条断裂。限水后，枝条柔软，便于进行整形作业。

（三）根据多年操作经验，总结以下操作原则。

1.如树身摇晃，须先固定好植栽再进行整形。

2.由根基往上缠线矫姿。

3.由枝棚内侧开始往外缠线，且由适合内侧粗枝条的粗线开始往外转缠成适宜细枝条的细线。

4.由枝棚最底下一枝往上缠线施作。

5.蟠扎整形完成后再剪除不要枝。

以金属线蟠扎除了能有效控制树形外，同时也能在短时间内让五针

1 缠线前须先将前一年老叶悉数剪除，以利缠线作业进行。

松或其他树木盆景达到预期效果。常用金属线除了铝线外，还有粗细不同的铜线，建议依照五针松盆景的成品度来选择使用。例如，已臻成品的盆植五针松可以使用铜线，因铜线不会因日晒雨淋而褪色，甚至会氧化产生更深的赭色或铁锈色，视觉上可与五针松的苍劲枝桠融为一体，美观和谐；而半成品的五针松树身因尚在成长阶段，故建议使用价格较为便宜的电镀古铜色铝线即可（铝线柔软，在整形作业时较好操作；且金属线固定在树身枝桠约半年左右即须剪除，利用价格低廉的铝线还可降低成本）。

　　以上是笔者创作多年的心得，其实用何种金属线整形并无特别的规定，主要还是依个人习惯而定。

2 以粗金属线开始，由内往外蟠扎，须视枝条粗细适时换成细线，切勿以一条粗线从头缠到尾。

3 以3.5毫米、2.5毫米、2.0毫米、1.5毫米铝线，由粗而细所缠绕出的枝棚。

4 金属线与枝条呈 30°角往外缠绕。

5 整个枝棚缠绕金属线
后的样子。

6 整形完成后，再稍微调整叶团角度，
使其向阳。

7 遇有断代换枝处时，金属线须缠绕包裹而
过，此法可避免换枝处在整形时断裂。

8 金属线缠到叶朵尾端时，再绕一圈，可以
有效控制叶团针叶的方向。来年枝尾再往
外生长时，此处线可以解开，再度往外延
伸缠绕。

1、2、3.铝线绕针叶末端一圈特写。

市面上购得的金属线。

1、2. 铜线附着于枝条上经过数年的氧化后，颜色与五针松或黑松枝条相近。

秋季的水分管理

秋季的管理是五针松盆景爱好者的一门必修课，此季节冷热交替故需特别细心，尤其水分管理非常重要，常因气温看似逐渐凉爽而大意，造成植株无预警伤亡。秋季开始，白天日照时间虽慢慢缩短，但气温却没有降低，反而是更加炙热。"秋老虎"的威力不仅让盆树叶片的水分蒸腾更快，更是让盆土温度迅速升高，所以下午3~5时提供降温用的及时水是必要的，而这水温必须接近户外常温，才不会因温差大而对植株造成伤害。如遇当日有风，那午后的第二次浇水极为必要，因为风吹使水分蒸发的速度会更快。

若不能保证午后补充第二次及时水，建议采取另一个解决之道来对抗酷热的午后，即在盆景上方架设遮光率30%~50%的遮阳网，如此即可有效改善午后炙热光照所导致的盆土及叶片水分散失。建议可于6月架设遮阳黑网，进入11月后视气候将其卸除，以让植栽享受冬阳的温暖。

秋季时，如何给水是门大学问。

枝叶繁茂时的修剪

半成品培养中的五针松，在生成大量蓄枝后，需再进行几次筛选剪枝，大约是在秋、冬两季叶芽发展成熟时进行，被修剪的对象大致有：

（一）春、夏两季新芽长出后，叶群顶芽所产生的车轮枝。

（二）朝相同方向生长的多余枝（同一处分枝长出2枝以上，第三枝开始都可以称为多余枝）。

（三）枝棚间位置怪异的上下徒长枝。

（四）生长快速导致过于肥大的粗枝等。

每次的修剪，需注意欲裁剪下的叶量与该树整体叶量的比例，保证修剪后的水分供给及全日照。

这种大叶量的修剪，在每一个五针松盆景的创作过程中都会进行数次，但不能在同一年内重复进行，当控制给水及适量施肥（修剪后1个月再施予薄肥）时，可以间歇性地于隔年进行。如此有计划的造枝修剪作业，可有效地把每个代枝蓄留于最恰当的位置。

栽培于较小盆器中已达数年的文人树形五针松，在正常水分与肥分的管理下，整树的枝叶已过分繁茂。

图为修剪前后对比照。将每一过长的枝条留下 5~7 束松叶芽，其余剪除即可。

如在修剪之前已经过稳定的管理，依然可以一次性去除枝棚大量的叶幕。

修剪后，原有蓄留的枝条清晰可见。之后的水分管理极为重要。

天枝处的枝棚，在有顶芽优势的情况下，更必须做彻底的修剪。

轴切的换土

当我们从1、2月为五针松播种之后，生长到3月初即可开始为它们进行轴切后的换盆，或是连根拔起整理根系再换植等。这样做更易养成一定规模的根系及茎基，尤其是对迷你盆景的露根造型更有立竿见影的成效。

播种后自萌芽开始我们会从小松苗上看见于种子内所冒出的子叶，轮状子叶展开后约2周会再从子叶轴心冒出胎叶芽，最后再从胎叶叶腋中冒出腋芽而发展成为一束五针的成叶。欲做轴切或切根重新换盆选什么时间点最为恰当呢？对五针松而言，在子叶展开的放射形轮轴状的中心处会有一芽点，这一芽点会停止生长约2周后再继续生长，此停顿期作为换盆期或进行轴切最佳，如果能在胎叶芽开始萌发前进行换盆，存活成功率则可以大大提升。

叶形的辨别—— 子叶。　　　　　　　　叶形的辨别——胎叶。

叶形的辨别——从胎叶叶腋成长出的成叶（一束五针）。

而切根后重新植入新介质也是要掌握和轴切同样的时间点，不同的是需把轴切步骤改成在4~5条细根中留下2~3条旁根，其余主根就此切除，最后再植入培养盆中即可。

笔者曾做过实验，以大约450颗新鲜五针松种子作孵芽播种，于种子萌芽后开始植于台湾阳明山上的土壤介质苗盘中，当苗盘中的松苗子叶展开等待萌发胎叶之际，开始为它们进行轴切。在子叶基部往下1.5~2厘米处以利刃横切，再以稀释的生根剂浸泡30分钟后，植入新的盆钵中即大功告成。但切记勿直接将松苗茎插入介质中，应以竹签先在介质中插一小孔再植入。每株小苗的生长速度不同，这400多棵小苗最后以将近2周的时间，分段进行10多次才完成整个改植步骤，因改植时间点掌握得当，最终只折损6棵。

轴切或是切根换土虽看似繁琐，但利于五针松盆景的根系培养，尤其是极具张力的八方根的形式。要知道，一棵好的五针松素材不能依靠运气来成就，应该要从萌芽开始尽量面面俱到。

轴切

在子叶叶基处往下1.5~2厘米处以利刃进行切断。

可在扦插前蘸取植物生长激素或生根粉，以提高存活率。

秋季的换盆

无论是盆植五针松或是群山万壑处的五针松，冬、春之际（每年1~3月）是最佳的换盆时间点。在这之前，笔者也一直以为五针松的换盆适期是在春季，但却经常看见盆景制作者不仅在春季换盆，就连中秋节前后也忙于换盆。不仅如此，经常上山的野外采集者，也会选择当年春季或雨水较多的秋季将五针松从山上移植下山。

一开始笔者觉得上述时间节点有些冒险，但观察几年后发现其成功率也颇高，但值得注意的是他们进行改植的五针松都是相对幼龄或是10年以下的苗木。因此，笔者这几年也开始在秋季进行换盆，只不过换盆对象都是仍在苗木阶段的五针松。

而秋季的换盆基本上和春季的并无不同，需特别注意的是土团根群留的量要比春季换盆时大些，且植栽与盆器间的固定须更为结实。毕竟在换盆完成后到春季冒芽之前，该五针松植栽必须忍受冬季的强劲东北季风，若能在移植后将植栽移往避风处更为妥当。此外，秋、冬二季须谨防缺水。

面对接下来强劲的东北季风，换盆后的植栽固定工作马虎不得。

十
一
月
管
理

施肥

　　施肥一般可分为基肥与追肥两种。不同创作阶段的盆景，应给予不同分量的肥料，在此略分为初苗阶段、培养造枝阶段和成品树阶段来讨论。

　　基肥在五针松此三阶段的生长中都扮演着不可或缺的角色，因此时春生芽已成熟，叶鞘也大致掉落，即当年度春生芽的生长已告一段落，

图中最右边盛器中的肥料为钾含量较高的进口肥料，中间为市售的小包装肥料，最左侧为各式盛装肥料的塑料容器。

可用钉子将肥料包固定于盆面上，以免浇水时水流将小颗粒肥料冲出盆外。

可见针叶生机勃勃地挺立于各枝尾间，接下来不论是半成品或成品树，都将进入蟠扎整形及树形修剪的季节。趁着月初尚未进行修剪整形前，可先给五针松施予比平常肥量多一倍的固肥。

有机固肥建议容量：小品／一茶匙；中品／两茶匙；大品／三茶匙。

10~11月的施肥量会影响到隔年春季针叶的长短及叶色光泽度。时间点如果掌握恰当，甚至可在隔年春季促生出第二次的枝桠。由于五针松的体液松脂在树体上流动速度不如杂木类快，且液肥挥发速度快，易造成根部肥伤，故选择释放速度较慢的有机固肥较好。

一、初苗阶段

11月接近休眠期，所以不适合大量施肥。尤其是经过轴切或是切根换盆过的初苗更不宜施予过多肥料。初苗阶段，可将少量固肥稍微捣碎后遍撒于盆面，之后于初苗上方浇水一次，以免肥料落在子叶或胎叶上，经阳光直射后造成灼伤。

二、培养造枝阶段

11月的施肥在五针松造枝阶段中是一个重点。假如前两年树势旺盛又于初春之际已施一定量的固肥[注1]，到了11月就必须把握追肥时机，继续以前次的肥量再施一次。唯此次的施肥应以单点、定点式进行，以免造成肥伤。若有机肥为粉末状，可用药布袋或网袋装好后定置于盆面即可。

注1：五针松茎基直径6~8厘米，高度60~80厘米，给予约4立方厘米大小的固肥。

1、2. 玉肥盒——一种镂空的软质塑料盒，可完整包裹每一粒玉肥，使肥料养分顺着根部直接渗入土壤内部，不易污染土壤表面，还避免烧根。

三、成品树阶段

成品树大部分都植于体积较小的盆中，由于盆器不大，介质也跟着变少，肥分管理更需特别注意。成品树大都属于老松，所以新芽的长成和前两者（苗木及培养木）相较都会慢一些（约慢20天），以保守为原则，施极少量肥即可。此法能有效控制成品树叶子的长短，待其春芽新叶成长完成之际，再采单点、定点式给予多量的肥分来增强树势，如此将能有效控制成品树不萌发秋芽。

另据笔者多年实践观察，其实只要在五针松成品阶段，逐年控制水分与肥料的给予，并妥善管理介质的用法及用量，那么短叶群簇而成的叶面规模指日可待。

市售较大型肥料盛装盒，常用于肥培中的素材。此类托高盒器可缓慢释放肥分，避免烧根。

舍利干与舍利神枝的整理

在五针松盆景中，我们常会看到一些干涸的树干、树皮或枝条，它们有些是人为造成的，有些是因季节的替换或秋阳过烈导致。如果这些干枯树皮或枝条在盆树上未获妥善保养，不仅不能长存于盆树身上，更可能会因长虫或滋生苔藓而使得整棵五针松提早腐败殆尽。

因进行舍利神枝保养时，容易刮破树皮使松脂流出造成树势下降，且11月五针松生长大致已达一整年周期的最后阶段，树身体液的流动也没有其他季节活跃，故选择此时为舍利干及神枝做保养是很恰当的。

舍利神枝的保养工具有斜向圆口切、圆口切、水粉刷（毛笔亦可）大小各一、雕刻刀、铜刷、鬃刷、粗细砂纸各一，以及石灰硫黄合剂。

斜飘成品

舍利根

因拉力根过长，所以在盆植时人为顺势将此拉力根创作成延伸至盆外的舍利根。

舍利干
因创作初期强剪过度，修剪枝条较多，致使向阳的树身上方快速干枯而成。

舍利神枝
矮化创作时将往上过高过长的主干截短而产生的人工舍利神枝。

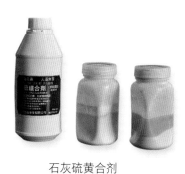

石灰硫黄合剂

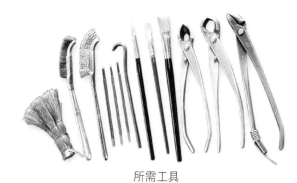

所需工具

1 在舍利干极度干枯的情况下，先用铜刷将之前残留的石灰硫黄合剂及树身日晒雨淋氧化后的粉末彻底清除干净。

3 之后再以鬃刷做二次刷除确保完全干净。

2 刷除时，刷毛应尽量顺着木纹肌理方向进行。

4 清洁完成时样貌。

1 将石灰硫黄合剂摇匀后，以水粉刷或毛笔均匀涂刷数次，直至灰白色泽鲜明即可。

3 至少需涂布 2~3 次才会有明显的灰白色产生。注意每次涂布前需等前一次石灰硫黄合剂风干后才能继续进行。

2 用较大的水粉刷涂刷较大面积处。

4 用较小的水粉刷来涂刷细部。

全株涂布完成

舍利神枝涂布完成时样貌。

涂布完整

一般常见涂布不完整的情形，大多是在涂布时不慎沾染到不应涂布的树皮部分。涂布若是完整，整棵树将层次分明，否则不只层次无法跳脱出来，连该树原本要呈现的神采也不复存在，故须非常小心。

五针松素材的大幅度整形

　　五针松进入严冬时长势趋缓，所以在整形时允许大量修剪枝条及大幅度矫枝。以图片中三分品相素材为例，此素材是当年3月初由田培转植于此培养箱中。移植时，笔者使用支点力度佳的木条以三点固定方式固定于培养箱中，由于素材固定得当，因此可为该素材进行整形。

　　这个月的修剪整形内容，是先将较大枝条的不要枝去除，同时将依附于枝末间的去年老叶也一并剪除。于蟠扎矫姿前，先断水（刻意不浇水）2天，使其在矫姿时不易因大幅调整角度而使枝条断裂，接着可给欲缠于树身的铝线先包上有保护作用的纱布，此法可有效防止枝条捻扭角度较大时过早产生铝线压痕。以此素材为例，为避免因整形时减去过多叶幕，所以先保留树身最上方因更换天枝而保留的3处牺牲枝，而对此次为整形的重点——下半段叶群做修剪。整形作业完成后，于3~5个月后将铝线尽数拆除。

秋冬季的管理概要

　　首先，当五针松由春季的新芽初成长到夏季的旺势，再到步入秋天，此时的枝棚叶群会比其他季节更为浓密，为了保证枝棚内部的通风及光照，在秋季时我们就得开始进行枝棚内部疏枝作业，这可避免枝条叶群过于浓密所导致的病虫害。

　　第二，11月几乎是多数盆景植物一整年度生长的最末期，跨过11月便进入休眠状态，尤其是针叶类的五针松。在此时节，一年中的春生芽、叶量饱满，老叶（前一年叶）自然脱落，乃至盆土内菌根菌也开始生长。枝棚内的新枝与叶群都已停下生长的脚步准备过冬，但树干却正准备让自己更加粗壮而努力生长，所以在施肥时，应尽量减少氮肥而增加磷肥及钾肥，如此将更适合此季节的五针松生长节奏。

　　第三，由于树身及靠近干身的大枝条会在这一季节明显生长粗大，因此若树身上有矫姿用的铝线建议先予拆除，避免造成压痕。虽树身上不建议留有铝线，但秋季却又是将枝条各部分做蟠扎整形的最佳时机，因此须拿捏准进入冬季前拆除铝线的时间点，树身及靠近树身枝条的铝线应先拆除，其余小枝条上的铝线可半年后再视情况拆除。

冬季户外置场有冷风侵袭，建议在早晨有冬阳微暖之时浇水。

第四，如果计划在来年春季进行换盆改植的盆树，此时可略施薄肥，将树势养旺。

第五，因时值冬季，日照长度渐渐缩短，原本防范夏、秋季因正午烈日而架设的遮阳网此时也可移除，以迎接冬季每日珍贵的暖暖午阳。

第六，冬季气候大致低于夏、秋季10℃以上，病虫害的发生及蔓延也会因温度而降低趋缓。这时日常的喷药剂量可以少于春、夏季。进入1月初前，建议可使用石灰硫黄合剂，以稀释100~150倍后喷洒于叶面枝干间（可用报纸先将盆面覆盖，避免过多的碱性药液落于盆土中）。石灰硫黄合剂能有效抑制五针松的锈病、灰霉病及虫害的附着，此举可作为五针松入冬后初春前有效的防病作业。

第七，给水量少于夏、秋季。在较无风的冬季中，甚至可以隔日浇水一次（迷你盆景或小型盆景除外）。且建议于每日早晨给水，以避免植物叶片冻伤。

第八，五针松在冬季也适合蟠扎整形，但并不适合大叶量的枝叶修剪，因过度修剪定会造成来年春芽来不及分化而影响隔年芽及叶的生长。

秋、冬之际将整树的老叶去除之后，即开始为其进行蟠扎整形。

丰腴并带有金黄色的
叶棚在修剪整形之
后，更显苍劲。

在干燥季风的强势侵袭之下，稍有管
理不慎，便会导致枯枝干叶。

中品素材的修剪整形

　　这棵松约是 2009 年，学员从草叶集盆景教室带回的一棵教学素材。当时这棵松刚好换植于此变形的浅圆盆中，由于学员携回后未再继续深造于盆景艺术，致使此松之树格在这 10 年来未有进展。但巧妙的是，它在学员居所顶楼肆意生长，树形却未走样太多，甚至枝棚间的枝桠也充实了不少。浅圆盆大开口的宽敞空间，或许是让换盆时的根系牢牢将植栽固定住，使树身没有抬翘于某一侧，且时间灌注于树身肌理的荒老感，也给此松加分许多。

　　由于 10 年放任其生长，叶群膨胀了不少，过大的叶幕已让不是很粗大的树身失去平衡感。从左倾树身右侧生长而出的两处受枝，视觉上已明显过大，且将底下左侧大跳枝所需的阳光遮挡掉。阳光不充足，导致这大跳枝的内侧枝桠日渐短少。由此可知，在每一枝棚间，总有一些是缺乏合理性的互生枝，或有代枝间的门闩枝产生，趁枝条充足、叶群浓密时，应逐一整理去除。

构想图（一）

将枝棚全数留下，所有枝条尾端尽量往内修剪。修剪后用铝线调整枝条（尽量下压），使其呈现老树之相貌。最下枝不切除或不缩短，维持该枝条的跳跃感，保留整体树形的律动感。

下跳枝缩短

构想图（二）

将所有枝棚蟠扎整形下压，使其具古木感。接着，将下方跳枝去除左侧的 1/3，以凸显整体树身左倾，且使整体树相轻盈许多。

下跳枝去除

构想图（三）

将左下大跳枝整枝切除，整体更显轻盈简洁，古木感更为浓郁。唯左侧跳枝去除后的切口，会使该处树身有变形之貌。

1 整形前的正面。过于饱实的枝棚及叶幕与树干间比例悬殊（整形前树身高度 58 厘米）。

4 使用粗细得宜的线，将树身茎基处以三线六端，往 6 个角落固定。此方式不仅能将树身牢牢固定于初始盆器中，让新生根系快速成长，更能避免树身被每年的新生根抬起，造成树身倾斜。

2 整形前的背面。除了最底部枝条呈下探外，其余枝条皆因久未维护而轻微上扬。

5 虽整树已呈老态，但向阳处仍有长出徒长枝。此次整形作业，徒长枝也是修剪对象之一。

3 虽此松已于该盆久植 10 年有余，然因盆植时有使用铝线将其固定于盆底，所以即便每年新生根系来回环绕生长，盆土及植栽都未有被抬升而起的现象。

6 因贫脊管理，树已开始进入荒皮阶段。因时间推移，枝条干枯及树皮脱落后形成的舍利枝，让剪除车轮枝所留下略为肿大变形的树身伤口从缺点变为略微加分的优点。

7 由于位于整树底下，日照不足，其内部的侧枝皆已日渐枯萎，也因未曾舍枝整理，所以枝条各个代枝位置及节间长度不甚理想。此次整形，除了将多余枝条去除，也顺势将各处枝势调整至最适当位置。

8 底下的大跳枝走势虽呈水平状，但因有其余的代枝可再分成 3 个小枝棚叶团，并能再将此 3 个小叶团做出高低差来增加此树的立体感及律动感。

枝条完成蟠扎后，尽量将枝棚调整成由底下往上内凹的形态，借此来增加整体的立体感及古木相。

虽只是从树身探头而出的枝条，但经刻意调整后，呈被微风吹拂的灵动姿态。

整形后的俯视观。此树虽呈倾左之势，但整形时仍须环顾各个枝条聚拢后枝末是否皆呈放射状，这是整体观赏评价五针松盆景是否协调一致时必须考量的元素之一。

原有枝条已饱和密实，故在蟠扎整形时，能兼顾枝棚间每个方向变化，突显生动的立体感。

整形完成的样貌。树身枝棚轻盈许多，不只让整树神采奕奕，更增添不少层次感及古木相。先行保留的左侧大跳枝，虽枝头处有早期切除多余枝所留下的伤口，但因干涸后自然形成舍利神枝，故毫不失分（整形后树身高度 52 厘米）。

整形后的背面观。除了拥有律动感十足的下跳枝，多数枝条角度调整至水平偏下，以仿效大自然中松树枝棚因经年累月受风雨吹袭而产生的下探姿形。

应用篇

如何开始创作一盆五针松盆景呢？可依循下面 7 个步骤进行。

（一）勾勒出树形构想图。可参考书籍上的照片，也可手绘出理想的树态。

（二）准备种子，进行播种，开始素材的培养。

（三）修出高低不一的树形，建立层次感。

（四）微幅整形。

（五）应用金属线来表现出枝条间的互动。

（六）寻觅适当的盆器与其搭配。

（七）换植后铺上青苔。

若是新手想创作一盆易上手又有型的迷你五针松盆景，建议从实生苗开始。虽然是迷你尺寸，树龄只短短 10 来年，但它依然可演绎出丰满的立体感以及亲子树叶群的对望互动。若是丛生树干数量够多的话，更可以表现出森林蓊郁之意境。

一、勾勒树形构想图

大小、高低不一的植株营造出山间林树的气氛。

选用几株略有流向的树合植，可表现山崖、斜坡的林相之美。

二、进行播种，培养素材

将 5~10 颗松树种子泡水后，直接播入小型素烧盆内（播种方式可参考"1 月管理"的种子实生篇）。播种发芽后尽量不施肥，或只施少量肥。实生苗生长 2~3 年后可开始进行整形，调整弯曲度，建立初步形态。苗木素材的培养只要掌握在 2~3 年内不任其过度生长，那么植株即会形成短实的节间，培养出低矮迷你的叶群。

三、修出高低不一的树形，建立层次感

盆中苗木在成长 2~3 年后，若未以人工修剪方式让其产生高低差，那么大致上每株都会以同等高度向上生长，待 4~5 年后才会产生自然的高低差，然而这 4~5 年间长成的高度及树身直径已超过我们想要创作成迷你素材的范畴了。因此，松苗在第二年或第三年生长至适当高度时，须及时修剪控制才能塑造出迷你盆景的样貌。

四、微幅整形

当群株生长至理想高度时，即可用铝线为其调整出我们想要的流向及植株距离。蟠扎调整后的管理需注意避免蟠扎的时间过久，导致铝线在树皮上产生压痕。

五、应用金属线表现枝条间的顾盼之感

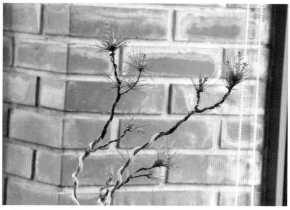

微幅整形经过半年的时间后，即可为植株上半段做更细的调整，此次的整形重点在于使各植株最顶端的天枝彼此对望，产生互动的氛围。

六、寻觅适当的盆器与其搭配

较浅的盆钵或代表开阔无垠的平静水面，将合植的松树种植于浅盆中，能表现出海平面上荒岛群松或云海环绕山巅之意境；而用半月形的陶制弯月马鞍盆，则可展现深山溪壑之感，创造出不同的画面。不同的盆器与不同流向造型的松株造就出意境迥异的画面，所以在开始构思作品时，盆器也是需要一并考量的重要角色。

七、换盆后铺上青苔

将植株小心地种入盆器之后，再轻轻地铺植上青苔，宛若原始森林。青苔建议选择多品种同时种植，更能丰富盆面，营造多层次的视觉感受。

宛若舞者

此露根素材约于 2003 年从台中和平松鹤部落的一位业余爱好者所培养的一批素材中挑选而出。当时露根创作价值较高的素材鲜少出现于市面上，且露根培养的技术尚未成熟，因此当笔者见此露根素材有别于传统多根直立素材，且张力十足时，欢欣之情无可言喻。

创作实例

2003 年
对此素材可发挥的空间抱有深切期待。由于裸露的根群成束且扭转在一起，在创作时可以很方便地改变其种植俯仰角度。

2008 年
购回的第三年，已从培养用的塑料盆改植于高身的素烧盆中，且回拉许多由根系转成树干的角度，并于枝棚开始充足时进行第一次铝线整形。

2010 年
于树势更为稳定时将树身再度往下拉拽些许，而左侧生命力十足的拉力根也慢慢地显现。利用这次整形，仔细观察并思考日后叶群构成不等边三角形的排列位置。

2010 年

于整形完成后，将固定用的三脚架拆除。观察后发现枝棚枝条呈现过于生硬的直线条，与树身以根代干呈现出的曲线、圆弧线条无法达到视觉平衡，需再做调整。

2012 年

换上一只高身柴烧南蛮圆盆。在换盆前将叶群左下侧枝切除，可让悬崖式五针松的叶幕与其树身之间构成较佳的视觉平衡。

2015 年

此时五针松的针叶已接近短直。以青苔铺置盆面后，此盆景便进入了成品阶段。将此松静置于室内侧光充足处，树身展现出自然的下探线条。

2017 年

于年中将树身蟠扎过久的铜线卸除后，树身枝条开始慢慢向阳翘起，些许走样，需再整形。

为其蟠扎整形后的模样。

一棵五针松由素材开始创作
至可见其深度并供观赏的成品，
其中创作的时间与历程虽无一
致，但若有良好方式来维护，皆
可让成品观赏时间一再延长。

蟠扎整形后的俯视观。

临崖式树形范例

　　看似普通不起眼的三干同株素材，其三干方向同流且同时上扬，实为少之又少的形态素材。三棵松的树干巧妙地以一上二下等边三角形排列。此三角形不论是以极具立体感的一干当作正面，或是以富有层次感的同一下处的跳离干为正面，都能打造极富乐趣的景致。笔者最后以前者图形作为未来创作构想。

2000 年

由于当时田培场地曾经被杂草覆盖，以至于树身内侧的侧芽侧枝全数枯萎，且图片中的最下枝过于细长，因此笔者当下决定于年底适合移植时期尽速将这素材挖回改植于培养盆中，以高效的方式将枝棚养足，以利于未来的创作。

2008 年

第二次整形时，将第一次蟠扎的铝线卸除，然后再度蟠扎整形。此次整形须将过于左倾的叶去除，让其整体叶尽量往右，朝树身处移动，以使整体树态在视觉上更有安定感。开始考虑图片中最下枝（圈起处）的做法，拟培养此细枝条，待其长成较大枝干，即可代替原本过于粗大生硬的跳离干。

2005 年

盆植培养后的第五年初进行第一次蟠扎整形。在这次整形中，初步将较有立体感的一面暂定为其正面。同时，将确定不要的枝条一并切除。

2008 年

再度将前次整形的铝线卸除，持续进行第三次整形。此次作业后，树身呼之欲出的跃动感与枝条的飘逸感搭配得恰到好处，奠定其日后随风摇曳的风格。

经过多年努力，已形成理想叶量，枝棚亦开始出现上下分明的层次感。此树应持续培养最底下的跳离干，使其能与原上方主干及辅干构成适当比例。而在引导跳离干与树身线条弧度的同时，应当以无蟠扎压痕的拽引培养方式来蓄养跳离干的干身。

搭配较高的圆盆，突显了此松的韵味。由于换盆过程中发现原先设定的背面比正面更具立体深邃感，于是将原背面改为正面。同时，已将底下过大的跳离枝中尾段切除，替枝换代后以最前端的一个枝条作为底下跳离干的尾端，替枝代干的粗度恰与其他两干达到十分协调的比例，而上方主干左侧过长过密的枝条也在此次作业中一并剪除。

2017 年

冬季的树况。前次作业已将底下切除后的跳离干修整成舍利神枝。叶长虽不是最佳状态，但光线下叶群枝棚层次分明，使开始斑驳老化的树身更散发出历经岁月冲刷的崖边沧桑傲骨之姿。

1 于山地野岭间移植于山下，且盆植超过 50 年的荒老五针松。此松于笔者 20 年前第一次接触至今已易盆换植过 4 次，此次示范为第五次改植。虽历经多次易盆，但其根系却也因多次修整而变得更为稳定。图中老松树高约 90 厘米（未含盆高）。

2 以一根直挺的木条作为标杆，固定于枝桠间，再利用该松背后的建筑物的垂直边线作为树身垂直基准。此举可便于换盆后，将树身垂直角度恢复到原本设定的角度。

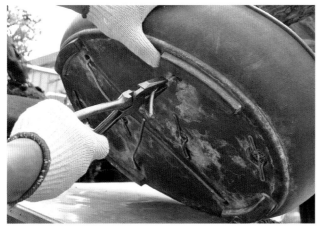

3 首先，将前次换盆时固定植栽的拽引线、防虫固定网与固定线全部卸除。

4 因原有盆器有倒凹缘，所以必须先利用土耙选择盆缘较长的一侧，将盆土慢慢耙出。

5 将植栽与盆器略微倾斜，可利清土。于清除一侧后翻转至另一侧，继续将盆土清出。两侧盆土清除至植栽与盆器产生松动为止。

6 植栽从盆器中松脱出后，将植栽土团轻轻拔出，接着将原有盆器倒置平放，再将植栽土团平放于原有盆器上，开始切削土团，切除过多细根。

7 开始将根团四周旧土清除。此次作业是要将大盆换为小盆，所以从盆边开始往树身茎基处清除约5厘米。

8 清完泥土后开始剪除多余细根，也须将大部分较黑的旧根尽数剪除。

9 图中为先前将过大根系剪除结痂后所留下的块状根系。

10 清理完土石并修剪旧根后的样貌（若换盆的植栽类似图中老松，建议续留土团以保留最佳树势）。

11 盆器平放后，先倒入少量介质并铺平，接着再次倒入介质于盆器中央成金字塔状。这是为了避免植栽根团置入时与盆底中央产生空隙。

12 轻轻将植栽土团植入新盆中，慢慢将植栽茎基推移至适当位置。

13 于垂直位置进行挪移时，将沙土作反方向填积。此时可先将固定植栽用的铝线略微转紧，再接着慢慢将沙土均匀倒入。拉力根上方的塑料垫片具保护作用，可避免产生铝线压痕，半年或一年待植栽稳定后拆除。

14 借助一开始固定于枝梢的标杆，视其是否有调整回当初预设的垂直角度，待最终位置确定后，再将所有的固定线扭紧。

15 将盆边空隙逐一填满，再以尖状物——堆积扎实。

16 换盆完成后，以细水浇灌直至水流从盆底泄出为止。

［感谢张钦地先生提供此次作业素材及技术协助］

工具、盆器、防虫网、植栽固定线的准备

换盆工作前，完善的工具准备可避免作业时手忙脚乱。工具的选择虽因人而异，但以专业工具为之最佳。

根据常年经验，笔者深信扎实的换盆作业可避免或降低换盆后树势回稳前的折损率，故采取严谨、坚实的植栽固定方式。因此，选择具较多排水孔的盆器，如此可容纳多条来回穿梭的固定用金属线。

1. 换盆时所需工具。**2.** 左为长方形盆，因盆器宽敞，排水孔有 6 个之多；右为古镜形浅盆，虽只有 4 个排水孔，但仍可用上 3 条固定植栽的金属线。

3. 有效的防虫网固定方式，使换植工作更为顺利。4. 古镜形盆底面。5. 长方形盆底面。6. 长方形盆与古镜型盆底面。所有植栽固定线尽可能旋紧。

盆景仿佛是永远处于变化之中，是进行式的艺术品。它具有时间性、推移性、季节变化性，观赏者必须培养敏锐的鉴赏眼光，如同欣赏艺术品一样，试着进入盆景创作者的世界，观其所想，如此才能完全感受到创作者通过眼前盆景所想要传达之意象，从展现出的树态引发共鸣的情感渲染，这样方可让盆景创作者最为欣慰。

一盆能引人入胜并令观赏者感动的作品，除了须具备稳定、统一、和谐及变化的元素外，更要有立地环境的联想展现、耐人寻味的空间感、自然流畅的线条美、豪迈气魄的畅快感、虚怀若谷的翩翩文人气息。而如何养成基本鉴赏能力，笔者认为除了从书籍、网络去认识五针松的美感外，再者就是多观赏、多问，甚至是自己动手创作，那从中体会到的深刻感受，是无可取代的。

树形鉴赏

微扬迎曦二千五针松

说明：树高约 65 厘米

盆器：下带长方形黄泥盆

笔者深感这是一件很成功的三干作品。整棵树身先是略微左倾，待树高过半后再微微朝右伸展，仿若挺胸展臂喜迎日日朝阳。

　　此作品以同中有异的三棵树干组合而成，若单取任何一棵，皆可能落为破相之树，但集其树身粗细略别，又极有默契一同斜伸，构成了郁郁松林之相。每棵立松在各自的领地互相展枝，前后错落，对目相迎，高度起迭亦各自谨守其分，使得三棵缺枝的破相之松以饶富趣味的方式组合在一起。

　　这颇具个性的原野五针松搭上棱角鲜明的长方形浅盆，酝酿出张力与稳重和谐共存的气息。

具有稳定、统一、协调感的丛生树形。

枝棚参差间，依然留有恰当的空间。

枝棚外侧枝条延伸的长短不一，提高了此作品
的层次感。

原始素材样貌。

斜干树形——
不对称中的稳定与平衡

几次更迭换枝而成的斜干树形，不难看出素材培养者的用心与耐心。首先，由茎基慢慢往树冠看去，从盆面下四面八方集向于茎基的拉力根已为这树的扎实稳固奠定了充分基础，这样稳定感极强的茎基，引人进入对其立地环境的遐想。其次，左右两侧的出枝，更是建构出树身与叶间的不等边三角形，此三角形与长方形盆器的巧妙搭配特别平衡耐看。

昂扬翘首转折右倾的树身，与雍容大度的右侧大托枝，让此树从视觉上有了似失去平衡却又平稳挺立的和谐感。这叶群层次分明的右侧大托枝，迤逦而下后还与右侧盆面构筑出一个引人入胜的空间之美，散发出无拘无束的自然韵味。而此树叶群间构成的间隙，更彰显出此树的从容与自在。

说明：左右长 85 厘米，高 80 厘米

盆器：抚角长方形朱泥盆

盆景提供：张钦地先生

稳定感是此种树形给人的第一印象。层次分明的叶群营造出枝棚的空间美，且富余的空间使中高处的背后里枝巧妙地探头而出。

山树大悬崖

早年取材于山巅野岭间，无分枝的流畅树身是其特点。

笔者认为此盆景姿形是难得一见的。从茎基延伸到尾端的舍利树身，与荒老的水线树皮各司其职，形成饶富兴味的画面。因长年强烈日照形成的舍利根在上、水线在下的多层次拉力根牢牢抓住地面不放。树身自茎基处越过盆缘后直转而下，在尾端再急转而上，如此构筑出利落、不拖泥带水的干净画面。

急转向上的树身处枝棚却在极有限的空间内，泼洒出层次分明的分流逸散，成功营造出悬崖树形该有的悬浮飘移感，而简洁潇洒的身躯更展现出其和谐顽强的生命力。

说明：上下约 80 厘米

盆器：隅入紫泥正方形盆

盆景提供：游欣耀先生

极具统一性的拉力根，强烈地呼应着急探而下的叶群顶冠。

历经多次更迭的树干与天枝，可想象五针松在野地生存时的旺盛生命力。且因是自然换枝，其换枝切口处丝毫不见肿大的样貌。

图为1980年时的原始模样。1995年开始改作至今，方成大悬崖式树形。

迷你趣味盆景

趣味横生的五针松迷你盆景，以手捏变形盆与流向分明的树身做了完美搭配。该松在如同山坡岩面的斜开口盆器中安身立地，扶摇而上。细瘦树身几经转折而分枝后的叶团，巧妙地与盆器间保持适当距离。树身中段处巧妙探头的啃干枝，打破了规律转折的树身的无趣感。树形虽小，但左右出枝交错有致。背后里枝以低调的配角身份，在左右枝中穿梭，使整体树形的立体感隐隐呈现。这树终究顺应立地环境扶摇而上，散发飘逸之美，唯独需等待时间打造荒老树皮了。

说明：左右约 15 厘米
盆器：手捏变形盆

150

树身尺寸虽迷你，但斜身扶摇而上，立体感十足。
针叶长度控制得宜，更是增添了整体树态的活泼
度。手捏不规则斜开口小盆，笑看一径往外跑的松
枝，两者呼应成趣。

山树二代木

五针松盆景鲜少以一树截断后，再以一枝或一芽创作成树。然而这类盆景的形态，很符合山野林间因自然灾害而形成的二代木姿态。此树的欣赏重点在于毫无累赘、浑然天成的舍利神枝与单一一枝不等边三角形叶群，形成绿叶与灰白舍利对比鲜明，却毫不违和的协调画面。正面的树身舍利，巧妙地为直立树干增加活泼调性，而富有年代感的荒老树皮却又为这二代木增添了几许岁月洪荒的沧桑。

这盆盆景以大小适中的盆器，高度直径和谐的树身，恰到好处的茎基，枝条纹理颇佳的叶群，再加上突出于天枝上的舍利神枝，共同打造出令人遐想的美丽画面。

盆器：外缘铁砂长方形盆

说明：树身高约 50 厘米（含舍利枝）

其宽阔茎基及天枝赋予了此树稳重感，再以不等边三角形叶群，搭配威武凛然的壮硕干身，辅以沉稳内敛的长方形盆器，着实贴近盆景世界中追寻的安定感。

突出于不等边三角形叶群上方的灰白舍利神枝，彰显其受自然灾害后的重生之力。

于适当位置更换树身分枝，使得刚好被大部分分枝所覆盖，巧妙地化解一般松树更迭转枝时树身易肿大的问题。

创作初期样貌。

创作前模样。

草叶集的日常

回想与盆景植物的相识，可把时间拉回 40 几年前，从门庭处那棵枝叶繁茂的杨桃树及高耸的莲雾树开始。儿时记忆中，花草树木总是在生活周遭随处可见，杨桃树上米粒般大小的粉红色花朵，如同粉扑般总是让蜜蜂孜孜不倦地钻进的洁白莲雾花，这些都是让人目不转睛的风景。植物早已牢牢地扎根在笔者的生活里，加上同样对花草树木有强烈兴趣的祖母和父亲不时从邻家亲友各处搜集植栽，使得无论是数量还是品种，屋前的植栽苗木皆愈发多样化了。

从小的耳濡目染，培育盆景的想法如小苗般就这么在内心悄然萌发了，也从此牢牢扎根在我的人生中。年轻初学时自信满满，自认已打造出了最理想的树形，到借由之后通过各种学习沉稳了性子，并将视线转移到了山川林地间，发现这长年自然演绎而成的树形亦可亲近人们内心。渐渐地，创作风格也由人为干预较多转变为几乎不见人工凿斧的自然树形。这让人不禁体悟到，盆景不论是何相貌或何大小，都能陪伴支撑着人们度过每一天的喜怒哀乐。笔者期待将这样的感受传递给更多朋友，故创立了草叶集生活与盆景教室。

夜间的草叶集，经常只闻虫鸣蛙叫。

刻意将四季变化轮转的枫树种植于屋前的东南角。盛暑时，浓密的枫叶可挡住炙热的阳光，而秋冬时节逐渐落叶的枫树，恰巧让暖暖冬阳洒进草叶集前廊，这样夏绿冬红的轮番美景就在眼前。

在盆景创作中，左右枝栅构成不等边三角形、叶幕的对称与不对称、树身微倾虚怀若谷状、腾空树身探头枝，去除赘枝化繁为简等的风格手法，笔者一直尝试如何将它们巧妙地融入生活空间中，结合盆景置场的明亮光线和空气，使每一空间都流动着自然的气息，可谓是极为珍贵。

"盆景给了我一个不一样的人生，而盆景却也让我失去了应该跟别人一样的人生。"一开始笔者只是一位致力追求空间美感的室内设计师，每天忙碌于完成业主托付的屋子，空暇之余，就是浇水、养护等与植物为伍的生活。生活或工作中的灵感，常来自于每周两次的山区自行车骑行，关于盆景或植物的塑形疑惑，更是会在山峦林荫间寻求答案。在多年前盛行博客记录日常的年代，笔者习惯将自行探索追寻而来的盆景领悟记录于其中，之后意外地发现有许多相同兴趣的朋友留言、讨论，渐渐的，每周假日在园内常有伫足不愿离去的同好者，这时家人提议不妨建置盆景教室，邀对盆景有兴趣的同好共聚一堂，一同学习切磋，扩大盆景所带来的乐趣。

未料原本只是每月一节的五针松盆景教学，慢慢发展到每周六、日与全台各地同好们一起研究如何精进技法，如何将各种不同的美学理念植入盆景。10 几年来，就过着每周一到周五从事室内设计工作，周六和周日则放下铅笔拾起刀剪工具，将草叶集盆景教室的技艺传授给每位学员。朋友常问，这样夜以继日，不累吗？其实，每天与兴趣为伍的生活何累之有呢？

空间内元素大多以水平垂直居多，偶尔也穿插些特异的素材活跃气氛。

纵使是一成不变的空间，
也因增添几株植栽而增添
了色彩与生命力。

即便只是一丛绝处而生的小草，依
然欣喜于它的坚韧与美好。

深山纵谷中印记着自己的足迹。

后记

　　从整理资料至下笔，直到书本完整付梓出版，虽仅短短一年有余，然而在重复校对、修正及屡次至园里实况取镜过程中，也恰似重新检视了笔者与五针松40几年来互相陪伴的旅程。这之间笔者更是深深领悟到人生一世、草木一秋。矗立架上的几株老松或眼前这本《图解五针松盆景制作技艺》承载着笔者曲折人生的印记与遗憾。

　　花朵总是绽放在最痛与最美之处。图书的完成，既是对前段人生的回眸沉淀，也是对盆景艺术追求的由繁入简、由技转道这一心路历程的记录。

　　白色杯器与桌面间，依然透着晨曦与松枝光影。茶香松韵，缓缓讴歌，让岁月如镜、生命如乐，欲以生命的缺憾还诸天地、成就大美。

图书在版编目（CIP）数据

图解五针松盆景制作技艺 / 刘立华著.—福州：福建科学技术出版社，2022.1
ISBN 978-7-5335-6558-9

Ⅰ.①图… Ⅱ.①刘… Ⅲ.①松属 – 盆景 – 观赏园艺 – 图解 Ⅳ.①S688.1-64

中国版本图书馆CIP数据核字（2021）第189683号

书　　名	**图解五针松盆景制作技艺**
著　　者	刘立华
出版发行	福建科学技术出版社
社　　址	福州市东水路76号（邮编350001）
网　　址	www.fjstp.com
经　　销	福建新华发行（集团）有限责任公司
印　　刷	福州德安彩色印刷有限公司
开　　本	787毫米×1092毫米　1/16
印　　张	11
图　　文	176码
版　　次	2022年1月第1版
印　　次	2022年1月第1次印刷
书　　号	ISBN 978-7-5335-6558-9
定　　价	78.00元

书中如有印装质量问题，可直接向本社调换